安全与应急科普丛书

# 消防安全与救援知识

“安全与应急科普丛书”编委会 编

中国劳动社会保障出版社

**图书在版编目(CIP)数据**

消防安全与救援知识/“安全与应急科普丛书”编委会编. -- 北京：中国劳动社会保障出版社，2022
(安全与应急科普丛书)
ISBN 978-7-5167-5299-9

Ⅰ. ①消… Ⅱ. ①安… Ⅲ. ①消防-安全教育-基本知识 Ⅳ. ①TU998. 1

中国版本图书馆 CIP 数据核字(2022)第 045050 号

**中国劳动社会保障出版社出版发行**
（北京市惠新东街 1 号　邮政编码：100029）
*
北京市科星印刷有限责任公司印刷装订　新华书店经销

880 毫米×1230 毫米　32 开本　5 印张　101 千字
2022 年 4 月第 1 版　2022 年 4 月第 1 次印刷
**定价：15. 00 元**

读者服务部电话：（010）64929211/84209101/64921644
营销中心电话：（010）64962347
出版社网址：http://www. class. com. cn

# “安全与应急科普丛书”编委会



本书主编：董秉聿

副 主 编：张渤苓　王思夏

# 内 容 简 介

火灾、爆炸事故是生产生活中很常见、很突出、危害很大的一种灾难，广泛发生在多个领域，是多种生产安全事故发生的重要原因，对人们的生命安全造成了极大的威胁。因此，在管理和技术上保障消防安全是安全生产工作的重中之重。

本书紧扣安全生产、消防安全、应急管理等法律法规，详细介绍了在生产过程中应该了解的消防安全基础知识。本书内容主要包括火灾与爆炸基础知识、消防安全管理与应急、消防安全法律法规常识、火灾预防与控制、火灾扑救、火场疏散与逃生、事故现场应急处置与救护等知识。

本书内容丰富，层次清晰，知识典型性、通用性强，可作为相关行业管理部门和用人单位开展消防安全知识科普工作使用，也可作为广大群众增强消防安全意识、提高消防安全素质的普及性学习读物。

# 目录

## 第 1 章　火灾与爆炸基础知识



## 第 2 章　消防安全管理与应急

## 第 3 章　消防安全法律法规常识



## 第 4 章　火灾预防与控制



## 第 5 章　火灾扑救

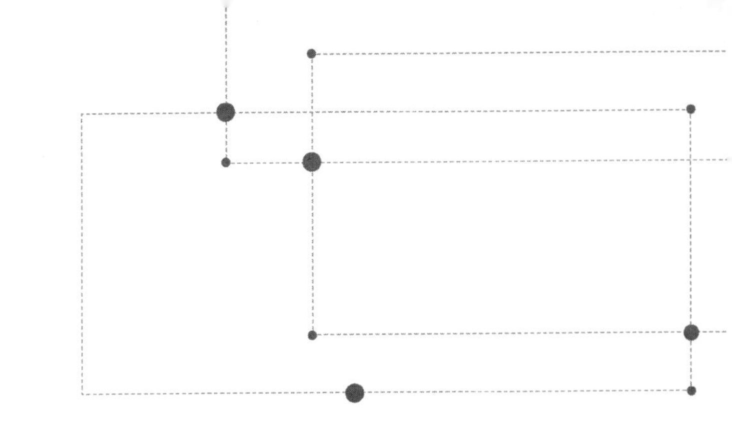

# 第1章

# 火灾与爆炸基础知识

## 1. 燃烧

### (1) 燃烧的定义

通俗来讲，燃烧是可燃物与助燃物作用发生氧化还原的放热反应，通常伴随有火焰、发光和（或）发烟现象。当然可燃物并不只是生活中常见的木材、煤炭、纸张、棉麻等，有些金属也是可以燃烧的，比如金属镁就可以在空气中燃烧。助燃物也不仅仅指的是氧气，比如很多金属都可以在氟中燃烧，此时氟就是一种助燃物。

现代燃烧理论认为，燃烧是一种自由基的链锁反应，这是目前被广泛认可并且较为成熟的一种解释。链锁反应指燃烧反应是连续进行的，而自由基其实就是一种非常活泼的化学形态，能和其他自由基反应并且会再生成新的自由基。正是因为有了自由基持续不断的产生，燃烧过程才得以连续进行。

### (2) 燃烧的条件

1）必要条件

通常认为燃烧的必要条件有三个，一是要有可燃物，二是要有助燃物，三是要有点火源。这三个条件（要素）缺一不可，构成了常说的“火三角”。但是，上述三个条件同时存在还是不一定能够发生燃烧现象的，还必须使这三个要素相互作用（发生链锁反应），所以有人引入了自由基（游离基），这使得“火三角”进一步演变为“燃烧四面体”。

①可燃物。可燃物大多是含碳和氢的化合物，例如木材、酒精、棉花、汽油、甲烷等都是可燃物。广义来讲，无论在什么条件下，凡是能够燃烧的物质都是可燃物，某些金属（如镁、铝、钙等）在一定条件下也可以燃烧，还有许多物质（如肼、臭氧等）在高温下可以通过自己的分解而放出光和热。可燃物按其物理状态分为气体可燃物、液体可燃物和固体可燃物三类。

②助燃物。与可燃物相结合能够导致燃烧的物质是助燃物，即氧化剂。常见燃烧过程中的助燃物主要是空气中游离的氧，由于空气中氧气的体积分数约为 21%，人们的生产和生活空间都被氧气所包围，因此氧气是一种最常见的氧化剂。由于作为助燃物的氧气是无处不在的，并且多数可燃物在空气中能够燃烧，所以在采取防火措施时，它很难被消除。

③点火源。点火源又称着火源，是指具有一定能量，能够为可燃物与助燃物发生燃烧反应提供能量的热能源。常见的点火源主要有火星、电火花或电弧、明火、炽热体、高温或化学反应热等。

同时具备以上三个条件并非一定可以发生燃烧，例如纸张在纯氧中是无法被点燃的，在此基础上还需要具备燃烧的充分条件才可以发生燃烧。

2）充分条件

①可燃物达到足够的量。比如常温下汽油可以直接被点燃而煤油却不能立刻被点燃，主要是因为两者在常温下挥发出的可燃气体浓度不一样导致的，汽油的挥发浓度高，达到了可以燃烧的浓度，所以能够立刻燃烧。

②助燃物达到一定比例。助燃物比例不能过多也不能过

少，要和可燃物达到一定的化学比例才能发生燃烧，例如大部分物质在纯氧中是很难燃烧的。

③点火源能量要达到一定强度。点火源能量越高，分子运动越剧烈，就越容易被点燃，例如火柴燃烧的能量可以点燃纸张但不能点燃煤炭。

以上三个条件相互作用。

## 2. 燃烧的类型

### （1）按点燃方式分类

1）引燃

受外部点火源的作用，物质开始燃烧的现象称为引燃，即点火源接近可燃物，局部开始燃烧，然后迅速传播到整体的燃烧现象，引燃又可分为局部引燃和整体引燃。例如，用打火机点燃烟头属于局部引燃；沥青、松香等易熔固体的温度超过引燃温度而燃烧，属于整体引燃。

2）自燃

物质依靠自身一系列化学、物理变化产生热量，没有外界点火源的作用，从而发生自动燃烧的现象称为自燃，如白磷的自燃。常见物质的自燃点见表 1–1。

**表 1–1　　常见物质的自燃点**

| 可燃物 | 氢 | 苯 | 乙醇 | 汽油 | 煤油 | 柴油 | 铁 | 铝 | 硫 |
|---|---|---|---|---|---|---|---|---|---|
| 自燃点/℃ | 572 | 609 | 392 | 255~530 | 240~290 | 350~380 | 315 | 645 | 190 |

## (2) 按燃烧时可燃物质状态分类

1）固相燃烧

固相燃烧也称为表面燃烧，是指燃烧进行时可燃物为固态的燃烧，如木炭、镁条、焦炭的燃烧就属于固相燃烧。要注意的是固体燃烧不一定是固相燃烧，比如蜡烛的燃烧就是气相燃烧，但是发生固相燃烧的一定是固体。

2）气相燃烧

气相燃烧是一种常见的燃烧形式，燃烧时不仅可燃物是气态的，助燃物也是气态的，如汽油、酒精、丙烷、蜡烛等燃烧都属于气相燃烧。凡是有火焰的燃烧都属于气相燃烧。

## (3) 按燃烧速度和现象分类

1）闪燃

液体产生的可燃蒸气与空气混合后，在某种温度下，达到一定浓度时遇点火源产生一闪即灭的燃烧现象叫作闪燃。闪燃虽然一闪即灭，不能引起持续燃烧，但从消防安全的角度来说，闪燃是火险的警告，是着火的前奏。常见可燃液体的闪点见表 1-2。

**表 1-2　　常见可燃液体的闪点**

| 可燃物 | 乙醚 | 甲苯 | 乙醇 | 汽油 | 石油 | 松节油 | 二硫化碳 | 丙酮 |
|---|---|---|---|---|---|---|---|---|
| 闪点/℃ | -45 | 4 | 12 | -50 | 30 | 32 | -45 | -10 |

2）着火

着火是指可燃物在与助燃物共存的条件下，当达到某一温度时，与点火源接触即能发生燃烧，并在点火源离开后仍能持续燃烧的现象。可燃物开始持续燃烧所需要的最低温度是燃点，常见可燃物的燃点见表1-3。

表1-3　　常见可燃物的燃点

| 可燃物 | 汽油 | 煤油 | 乙醇 | 萘 | 石蜡 | 橡胶 | 赛璐珞 | 樟脑 | 麦草 |
|---|---|---|---|---|---|---|---|---|---|
| 燃点/℃ | 427 | 86 | 60~76 | 86 | 190 | 120 | 100 | 70 | 200 |

## 3. 燃烧产物及其作用

### （1）燃烧产物

可燃物燃烧时生成的固体、气体和蒸气等物质均为燃烧产物，如灰烬、炭粒（烟）等。也就是说由燃烧或热解作用而产生的全部物质为燃烧产物。可根据燃烧产物能否再发生燃烧，将燃烧产物分为完全燃烧产物和不完全燃烧产物。比如煤在氧气不足的情况下发生的燃烧为不完全燃烧，所产生的产物一氧化碳为不完全燃烧产物，一氧化碳还可以继续燃烧生成二氧化碳，此时的二氧化碳为完全燃烧产物。以下介绍的是几种常见的燃烧产物。

1）一氧化碳

一氧化碳是一种无色、无味且有强烈毒性的可燃气体，难溶于水，为不完全燃烧产物，属可燃物，必须注意防止其与空气结合形成爆炸性混合物。此外，一氧化碳的毒性较大，与血红蛋白的结合力强（其结合力约为氧与血红蛋白结合力的240~300倍），能将血液中的氧置换出来，被人体吸入后易与血液中的血红蛋白结合形成碳氧血红蛋白，造成机体组织缺氧。在火场烟雾弥漫的房间中，一氧化碳体积分数比较高时，房间中人员的生命安全会受到严重的威胁，长时间处于一氧化碳高浓度的环境会出现中毒窒息症状，甚至危及生命。

2）二氧化碳

二氧化碳是一种无色、无味、不燃气体，可溶于水，有弱酸性和窒息性，对人体呼吸系统有刺激作用，为完全燃烧产物。空气中二氧化碳浓度过大时，会使含氧量相对减少，使人窒息。由于它有窒息性，所以在消防安全工作中常被用作灭火剂。但不能用二氧化碳灭火剂扑救金属物质的火灾，如钾、钠、镁、钛、锆、锂、铝镁合金等的火灾，因为金属物质燃烧时产生的高温能够把二氧化碳分解为碳和氧。

3）二氧化硫

二氧化硫是一种无色、有刺激性臭味的气体，是含硫可燃物燃烧后的产物，易溶于水，1 体积的水能溶解约 20 体积的二氧化硫。二氧化硫易被人体湿润的黏膜表面吸收生成亚硫酸、硫酸，对眼睛黏膜有强烈的刺激作用，大量吸入可引起肺水肿、喉水肿、声带痉挛而致窒息。

4）氯化氢

氯化氢是一种刺激性气体，是含氯可燃物的燃烧产物。氯化氢吸收空气中的水分后成为酸雾，具有较强的腐蚀性，在较高浓度的场合会强烈刺激人眼，还可引起呼吸道发炎和肺水肿。

### （2）燃烧产物的作用

1）炽热的燃烧产物会形成新的起火点，导致火势的蔓延，并且当燃烧产物与空气混合形成爆炸性混合物时遇到火源会发生爆炸，从而造成更加严重的事故后果。当火灾发生时，会产生大量的烟雾，遮挡遇险人员逃生视线，给火灾扑救和逃生带来很大的困难，而且燃烧产生的大量烟气是有毒害性的。

2）燃烧产物对于尽早发现火情、初步判断火灾发生的规模和燃烧物的种类等具有极大的作用。通过烟气的颜色和气味可以判断是什么物质在燃烧，表 1-4 所示为常见可燃物燃烧时的烟气特征。完全燃烧产物在一定程度上有阻止燃烧的作用，比如在一个封闭的房间内发生火灾，随着燃烧产物的不断增加，房间内助燃物的浓度会相对较小，当助燃物浓度减少到一定程度时燃烧就会自动停止，所以室内发生火灾时不要轻易地打开门窗，否则会使火势变得更加凶猛。

**表 1-4　　常见可燃物燃烧时的烟气特征**

| 可燃物 | 颜色 | 特征 |
| --- | --- | --- |
| 木材 | 灰黑色 | 树脂臭，稍有酸味 |
| 石油产品 | 黑色 | 石油臭，稍有酸味 |
| 硝基化合物 | 棕黄色 | 刺激臭，酸味 |
| 棉和麻 | 黑褐色 | 烧纸臭，稍有酸味 |
| 聚苯乙烯 | 浓黑色 | 煤气臭，稍有酸味 |

## 4. 火灾

### (1) 火灾的定义

一般情况下可以认为火灾是一种意外的、不可控的物质燃烧过程，是在时间和空间上失去控制的燃烧所造成的灾害。火灾的本质是燃烧，具有燃烧的一切现象和特征，燃烧条件对火灾也同样适用，但是火灾现场往往并非只有单纯的气体、液体或固体，所以火灾中的燃烧过程极其复杂。

### （2）火灾判定条件

要确定一种燃烧现象为火灾，应当判定具备以下三个条件：

1）造成了伤害，既包括人员伤亡，也包括财产损失。

2）灾害是由燃烧造成的。

3）该燃烧是失去控制的燃烧。

只有符合这三个条件才能认定是发生了火灾，任何一个条件不满足都不能认定。比如施工现场垃圾堆里垃圾的燃烧，虽然不受控制，但是并没有造成伤害，所以不能认为是发生了火灾。

## 5. 火灾的类型

### （1）按可燃物类型和燃烧特性分类

《火灾分类》中按照可燃物的类型和燃烧特性，将火灾分为 A、B、C、D、E、F 六大类。

1）A 类火灾是指固体物质火灾。这种物质通常具有有机物性质，一般在燃烧时能产生炽热的余烬。如木材、干草、煤炭、棉、毛、麻、纸张、塑料（燃烧后有灰烬）等火灾。

2）B 类火灾是指液体或可熔化的固体物质火灾。如煤油、柴油、原油、甲醇、乙醇、沥青、石蜡等火灾。

3）C 类火灾是指气体火灾。如煤气、天然气、甲烷、乙烷、丙烷、氢气等火灾。

4）D 类火灾是指金属火灾。如钾、钠、镁、钛、锆、铝镁合金等火灾。

5）E 类火灾是指带电火灾。物体带电燃烧的火灾。

6）F 类火灾是指烹饪器具内的烹饪物（如动植物油脂）火灾。

### （2）按火灾事故等级分类

1）特别重大火灾

造成 30 人以上死亡，或者 100 人以上重伤，或者 1 亿元以上直接财产损失的火灾。

2）重大火灾

造成 10 人以上 30 人以下死亡，或者 50 人以上 100 人以下重伤，或者 5 000 万元以上 1 亿元以下直接财产损失的火灾。

3）较大火灾

造成 3 人以上 10 人以下死亡，或者 10 人以上 50 人以下重伤，或者 1 000 万元以上 5 000 万元以下直接财产损失的火灾。

4）一般火灾

造成 3 人以下死亡，或者 10 人以下重伤，或者 1 000 万元以下直接财产损失的火灾。

### (3) 按火灾发生场地与燃烧物质分类

1）建筑火灾

主要有普通建筑火灾、高层建筑火灾、大空间建筑火灾、商场火灾、地下建筑火灾、古建筑火灾等。

2）物质（仓库）火灾

主要有化学危险品库火灾、石油库火灾、可燃气体库火灾等。

3）生产工艺火灾

主要有普通工厂矿山火灾、化工厂火灾、石油化工厂火灾、可燃物爆矿火灾等。

4）原野火灾（自然火灾）

主要有森林火灾、草原火灾等。

5）运输工具火灾

主要有汽车火灾、火车火灾、船舶火灾、飞机火灾、航天器火灾等。

6）特种火灾

主要有战争火灾、地震火灾、辐射性区域火灾等。

## 6. 火灾发展过程及特点

### (1) 火灾发展过程

1）初期阶段

初期阶段的火灾刚刚开始，范围较小，烟气量不大，可燃物刚刚达到燃烧临界温度，不会产生高热量辐射及高强度的气体对流，燃烧所产生的有害气体尚未扩散，被困人员有一定时间逃生，对建筑物还未达到破坏的程度。这时，如果扑救方法正确，则可以把火灾控制在局部，甚至完全消灭。

2）发展阶段

如果初期阶段的火灾没有得到及时控制而持续燃烧，将进入火灾的发展阶段。这时的火灾持续燃烧速度加快，温度不断升高，气体对流增强，燃烧产生的炽热烟气迅速扩散，火势蔓延加剧，火场范围扩大，火势将难以控制。此时，火灾的控制与失控与当时火场燃烧物的种类、气候条件、扑救环境，以及扑救人员的装备和扑救方式有着直接而紧密的关系。

3）猛烈阶段

火灾发展到猛烈阶段最危险，也最具破坏性。这一阶段，可燃物质不完全燃烧或因高温分解而释放出大量可燃物、助燃物质和刺激性烟气，温度、气体对流强度、燃烧速度均达到峰值，燃烧随时会产生突发性变化。如有爆燃性气体时，会产生瞬时爆燃，不仅对扑救人员、被困人员形成巨大安全威胁，还会扩大火势，同时对建筑物也会造成毁灭性破坏。

4）熄灭阶段

消防扑救、可燃物燃烧殆尽等因素会使火场温度下降、气体对流减弱，这时火灾进入熄灭阶段。这一阶段会因地理位置、火场环境等因素不同，其持续时间各有差异，有时会持续很长时间，有时也会因建筑物本体坍塌，重新产生有氧对流而出现“死灰复燃”的现象。

### (2) 火灾的特点

1）社会性

实践证明，社会环境对火灾的影响很大，甚至不同的社会发展水平、不同的社会意识形态对火灾的发生概率都具有一定的影响。

2）地域性

自然环境不同的地方，火灾发生的数量与造成的损失也不同。通常来说，南方比北方更容易发生火灾，城市火灾的后果比农村火灾后果更为严重。

3）行业性

火灾既离不开可燃物，也离不开着火源，而在生产经营领域，有些行业可燃物集中，如可燃物品加工厂、仓库。

4）季节性

一年四季气候变化很大，而人们的生活、生产习惯也不同，这都影响到火灾的发生概率。

## 7. 火灾的危害

火灾中的死亡人数约有一大半是由一氧化碳和其他有毒气体、燃烧产生的固体悬浮颗粒等组成的火灾烟气的毒性和窒息性导致的，剩下的则是由烧伤、爆炸压力等引起的。火灾烟气是指由可燃物燃烧生成的气态、液态、固态燃烧产物混合之后产生的物质，主要包括：可燃物热解或燃烧产生的气相产物，如未燃烧的可燃蒸气、水蒸气、二氧化碳、一氧化碳以及多种有毒、腐蚀性的气体；由于卷吸作用而进入的空气；多种微小固体颗粒和液滴。

### （1）高温脱水与烫伤

火灾作为一种燃烧反应会产生巨大的热量，这些热量通过热对流、热传导和热辐射的方式加热可燃物和周围气体，使得环境温度快速升高。高温不仅会导致人员被烫伤，还会使人员很快出现疲劳和脱水症状，影响遇险时的自救和疏散。

### （2）窒息

烟雾是物质在燃烧反应过程中生成的气态、液态和固态物质与空气的混合物，通常由完全燃烧或不完全燃烧形成的极小的炭粒子、水分以及可燃物的燃烧分解产物所组成，其危害主要是本身的窒息作用和毒害作用造成人员伤亡。并且在火灾发生时，由于燃烧要消耗大量的氧气，空气中的氧含量会显著下降，人们长时间在这种环境中，会产生呼吸障碍、失去理智、痉挛、脸色发青等症状，甚至窒息死亡。

### （3）有毒有害气体

研究表明，在火灾初期，当热威胁还不严重时，有毒有害气体便成为人员安全的首要威胁。发生火灾时，可燃物的燃烧会产生大量的有毒有害气体，这些气体中除水蒸气外，其他大部分都对人体有害，会造成人员中毒或窒息，如一氧化碳、二氧化碳、氰化氢、氟化氢、苯乙烯等，特别是聚合物燃烧时会产生更多的有毒有害气体。常见有机高分子材料燃烧产生的有毒有害气体见表 1-5。

表 1-5　常见有机高分子材料燃烧产生的有毒有害气体

| 有机材料 | 有毒气体产物 |
| --- | --- |
| 羊毛、皮革、聚丙烯腈、聚氨酯、尼龙、氨基树脂等 | 氯环己烷、氨气、一氧化氮、二氧化氮 |
| 羊毛、含硫高分子材料、硫化橡胶 | 二氧化硫、硫化氢、二硫化碳 |
| 聚氯乙烯、含卤素阻燃剂的材料、聚四氟乙烯 | 氟化氢、氯化氢、溴化氢 |
| 聚烯烃类以及许多高分子材料 | 烷烃、烯烃 |
| 聚苯乙烯、聚氯乙烯、聚酯 | 苯 |
| 酚醛树脂 | 酚、醛 |
| 木材、纸张 | 丙烯醛 |
| 缩聚醛 | 甲醛 |
| 纤维素以及纤维制品 | 甲酸、乙酸 |

### （4）引起爆炸或其他事故

发生火灾后，特别是工业生产中的火灾往往会造成易燃易爆气体的泄漏，一旦这些泄漏的气体达到它们的爆炸极限，遇到火源就会发生爆炸事故。特别是在一些有限空间中的火灾，在用水灭火过程中会产生水煤气，不仅有毒而且达到爆炸极限还会爆炸。另外，火灾会造成建筑物或设备的结构破坏，使它们的支撑能力下降，从而造成人员触电、建筑物坍塌等其他事故。

## 8. 爆炸

爆炸是指在极短时间内，释放出大量能量，产生高温，并放出大量气体，在周围介质中造成高压的化学反应或状态变化。爆炸是一种极为迅速的物理或化学的能量释放过程，在此过程中，空间内的物质以极快的速度把其内部所含有的能量释放出来，转变成机械功、光和热等能量形态。人们正是利用爆炸时的这种机械功，在采矿和修筑铁路、水库等时开山放炮，极大地加快了工程的进度，使得用手工和一般工具难以完成的任务得以实现。但是爆破作业一旦失控，发生爆炸事故，极易产生巨大的破坏和人员伤亡。

## 9. 爆炸的类型

### （1）按爆炸的性质分类

1）物理爆炸

物理爆炸是由物理作用（如温度、体积和压力等因素变化）引起的，在爆炸的前后，爆炸物质的性质及化学成分均不改变。

2）化学爆炸

化学爆炸是具有易燃爆炸性的固体或液体迅速发生化学反应，转化成为急剧膨胀的气体后产生的能量释放，属于最常见的爆炸。化学爆炸的物质无论是爆炸性物质（如炸药），还是可燃物质与空气的混合物，都是一种相对不稳定的系统，在外界一定强度的能量作用下，能产生剧烈的放热反应，产生高温高压和冲击波，从而引起强烈的破坏作用。

3）核爆炸

核爆炸是剧烈核反应中能量迅速释放的结果，具有最大的杀伤力，是由核裂变、核聚变或这两者的多级串联组合所引发的。

### （2）按爆炸反应相分类

1）气相爆炸

绝大部分气相爆炸是化学爆炸且是在气体中发生的爆炸。气相爆炸包括：单一气体由于分解反应产生大量的热引起的爆炸；液体被喷成雾状物在剧烈燃烧时引起的爆炸，又称喷雾爆炸；可燃性气体和助燃性气体以适当浓度混合，由于燃烧或爆炸的传播而引起的爆炸；飞扬悬浮于空气中的可燃粉尘由于剧烈燃烧而引起的爆炸等。

2）液相爆炸

液相爆炸是液相和气相间急剧发生相变化时的现象。液相爆炸包括：聚合爆炸、蒸发爆炸以及由不同液体混合所引起的爆炸，如硝酸和油脂、液氧和煤粉等混合时引起的爆炸；熔融的矿渣与水接触时，由于过热发生水的快速蒸发而引起的蒸汽爆炸等。

3）固相爆炸

固相爆炸是指某些固体物质发生剧烈反应形成的爆炸。固相爆炸包括：爆炸性化合物及其他爆炸性物质的爆炸，如乙炔铜的爆炸；因电流过载，导致导线过热，金属迅速汽化而引起的爆炸等。

## 10. 爆炸的危害

### （1）冲击波

爆炸形成的高温、高压、高能量的气体产物，以极高的速度向周围膨胀，强烈压缩周围的静止空气，使其压力、密度和温度突然升高，像活塞运动一样推动其前进，产生波状气压向四周扩散冲击。这种冲击波能造成附近建筑物的破坏，其破坏程度与冲击波能量的大小、建筑物的坚固程度以及产生冲击波的中心距离有关。

### （2）碎片冲击

爆炸的机械破坏效应会使容器、设备、装置以及建筑材料等的碎片在相当大的范围内飞散而造成伤害，碎片四处飞散的距离一般可达 100~500 米。

### （3）震荡作用

爆炸发生时，特别是较猛烈的爆炸往往会引起短暂的地震波。例如，某市的亚麻厂发生麻尘爆炸时，产生了连续三次爆炸，结果该市地震监测部门的地震检测仪记录的曲线在 7 秒之内出现了三次高峰。在爆炸波及的范围内，这种地震波会造成建筑物的震荡、开裂、松散、倒塌等危害。

### （4）造成二次事故

发生爆炸时，如果车间、库房（如制氢车间、汽油库或其他建筑物）里存放有可燃物，容易造成火灾；高空作业人员受到冲击波震荡作用，容易造成高处坠落事故；粉尘作业场所内轻微的爆炸冲击波就能使积存于地面上的粉尘扬起，容易造成更大范围的二次爆炸。

## 11. 火灾与爆炸事故的常见原因

火灾与爆炸事故的原因具有复杂性。生产过程中发生事故主要是由操作失误、设备的缺陷、环境和物料的不安全状态、管理不善等引起的。因此，火灾与爆炸事故的主要原因基本上可以从人、设备、环境、物料和管理等方面分析。

### （1）人的因素

大量火灾与爆炸事故的调查和分析表明，有不少事故是由于操作者或者其他人员缺乏有关的消防安全知识，在工作时不负责任、存在侥幸心理、思想麻痹、违章操作等引起的。

### （2）设备的原因

部分火灾与爆炸事故是由设备的缺陷引起的，如设备设计错误且不符合防火与防爆的要求，设备出现故障不及时维修，设备超负荷运转，选材不当或设备上缺乏必要的安全防护装置，设备密闭不良或制造工艺有缺陷等。

### (3) 环境的原因

火灾与爆炸的发生也与物料的不安全状态有关，如可燃物质的自燃、各种危险物品的相互作用、物料在运输装卸时受剧烈震动撞击等。

### (4) 物料的原因

在实际的生产中，潮湿、高温、通风不良、雷击等环境因素也会引发火灾与爆炸事故。

### (5) 管理的原因

生产经营单位管理不善也是产生火灾与爆炸事故的主要原因之一，如未落实安全生产责任制，规章制度不健全，没有合理的安全操作规程，没有设备的计划检修制度；生产用窑、炉、干燥器以及通风、采暖、照明等设备失修；生产管理人员不重视安全，不重视宣传教育和安全培训等。

## 12. 火灾与爆炸事故的特点

### (1) 严重性

火灾与爆炸事故所造成的后果往往是比较严重的，易形成重大伤亡事故。例如，江苏盐城市某化工厂发生危险物品爆炸，造成 78 人死亡、76 人重伤、640 人住院治疗，直接经济损失达 19.86 亿元。

### (2) 突发性

虽然火灾与爆炸事故存在着事故征兆，但一方面由于目前对火灾与爆炸事故的监测、报警等手段的可靠性、实用性和广泛性等尚不理想，火灾与爆炸事故往往是在人们意想不到的时候突然发生的；另一方面，则是因为至今还有相当多的操作者和生产管理人员，对火灾与爆炸事故的规律及其征兆缺乏了解和掌握，不能及时发现火灾与爆炸隐患。例如，某化工厂车间实验室的煤气管道因年久失修而漏气，操作工人竟然划火柴去查找漏气的部位，结果引起爆炸，炸毁 26 间房屋和许多精密仪器，并造成 11 人死伤，损失惨重。

### (3) 复杂性

发生火灾与爆炸事故的原因往往比较复杂。例如，发生火灾与爆炸事故的条件之一点火源，就有明火、化学反应热、物质的分解自燃、热辐射、高温表面、撞击或摩擦、绝热压缩、电气火花、静电放电、雷电和日光照射等多种；至于另一个条件可燃物则更是种类繁多，包括各种可燃气体、可燃液体和可燃固体，特别是化工企业的原材料、化学反应的中间产物和化工产品，大多属于可燃物质。火灾爆炸事故发生后，房屋倒塌、设备炸毁、人员伤亡等各种复杂情况，也给事故原因的调查分析带来不少困难。

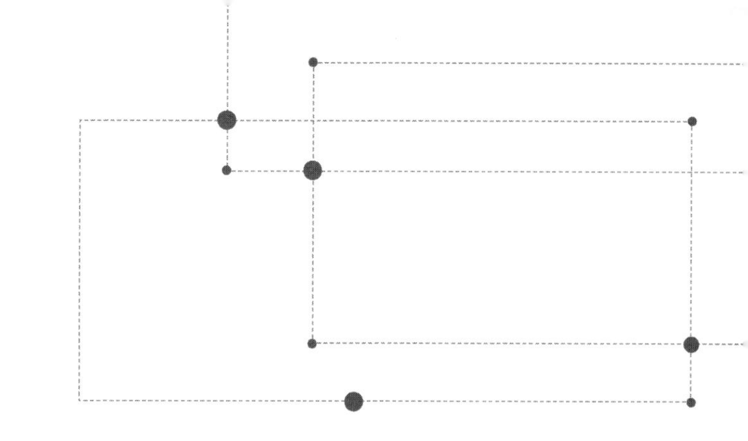

# 第2章

# 消防安全管理与应急

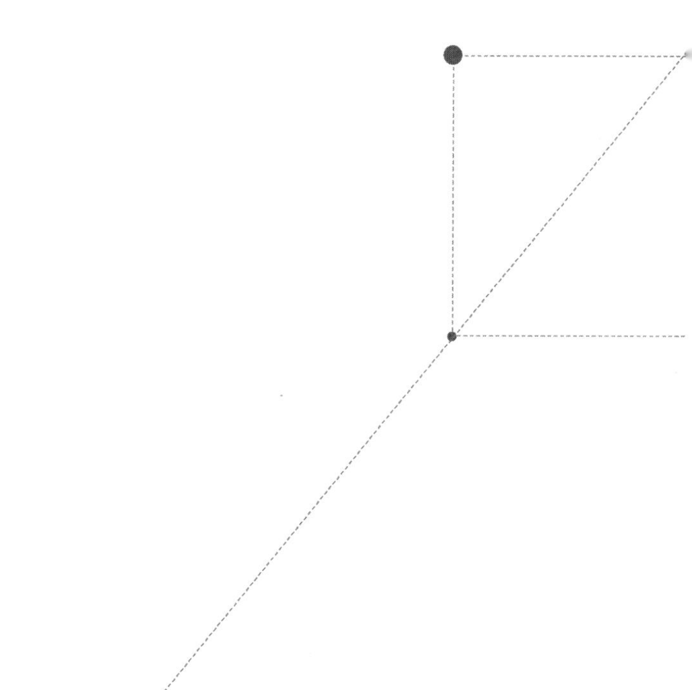

## 13. 消防安全管理

### （1）消防

在古代，人们就已经开始认识到火的危害，也正是通过火的危害开始认识到火灾，历史上一般将与火灾的战斗称为“救火”“灭火”等。“消防”一词是20世纪初从日本引入我国的，主要指的是消灭和预防火灾、水灾等灾害。

随着现代火灾事故的不断发生，并造成了严重的危害，人们逐渐地重视起了消防安全，并形成了一套完整的同火灾作斗争的体系，称为“消防火灾”，这才真正意义上有了“消防”这个概念。“消防”在词典中的解释是救火和防火，专指人类针对火灾的预防和扑救工作。

消防从学科角度来说是一门研究火灾预防和扑救的综合性科学，其研究的是火灾事前、事后的预防，以及处置和应急的技术措施和管理手段。目前已经形成企业内部自防自救的内部控火和专业消防队伍到场灭火的格局，最大限度地减少火灾事故的后果。

### （2）消防安全管理的定义

简单来讲，消防安全管理就是指为了预防和扑救火灾的安全管理工作。消防安全管理属于我国应急管理工作范围的一项重要业务，是指遵循国民经济发展的客观规律和火灾发生、发展的规律，依照有关的方针、政策、法律法规和规章制度，运用科学的原理和方法，通过计划、组织、指挥、协调、控制、奖惩等职能，使主管部门的人力、物力、财力、技术、时间和信息等做到最佳的组合，以达到预期的消防安全目标而进行的各种消防活动的总称。

## 14. 消防安全管理原则与方法

### （1）消防安全管理原则

1）谁主管谁负责

各级主管领导对主管工作的消防安全负总责。

2）依靠群众

消防安全管理工作是一项具有广泛群众性的工作，只有依靠群众做消防工作，防才有基础，消才有力量。

3）依法管理

消防安全法律法规具有引导、教育、批判、调整公民行为的规范作用，任何单位都应该根据消防安全法律法规对本单位进行消防安全管理。

4）科学管理

运用科学的方法和理论，采用现代化技术达到最佳管理效果。

5）综合治理

要结合多个部门，依靠法律、经济手段对消防安全工作综合治理。

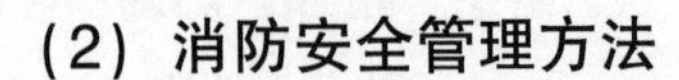

### (2) 消防安全管理方法

消防行政管理机构为实现消防安全管理的目的，采用行政、法律、教育、经济等多种手段和方法实施管理。这些手段和方法的综合运用，逐渐形成了有专业特色的消防安全管理基本方法，主要包括以下七个方面：

1）完善法律法规体系

《中华人民共和国消防法》（简称《消防法》）颁布之后，国务院及有关部门和地方政府相继制定了大量相关法规和规章制度。随着我国经济和社会的飞速发展，对消防安全管理工作的要求越来越高，有关消防安全管理的新问题和新情况不断出现，有必要对法律法规进行调整。因此，不断完善消防安全法律法规是消防安全管理工作适应社会发展、完成管理任务的基本方法之一。

2）制定发展规划

人类社会发展的历史已经证明，消防安全的发展及其水平必须满足社会发展的要求。特别是消防安全基础设施的建设必须与社会发展同步，不断满足经济和社会发展对消防安全管理工作的需要。在现代社会，消防安全的发展不仅要求消防技术的改进和先进科学技术的应用，更需要防火工作的开展，体现在人类有意识地预防各种火灾，利用各种先进的科技手段减少火灾的危害，在各项建设中加强基础设施的投资建设等。

3）严格审查验收

建筑工程消防设计的审查和验收是防火和减少火灾损失的关键和基础，消防行政管理机构依法进行消防设计的审查和验收是消防安全管理的基本方法。根据《消防法》的规定，特殊建设工程未经消防设计审查或者审查不合格的，建设单位、施工单位不得施工；依法应当进行消防验收的建设工程，未经消防验收或者消防验收不合格的，禁止投入使用；其他建设工程经依法抽查不合格的，应当停止使用。

4）加强监督检查

消防监督检查是指消防行政管理机构和管理人员对单位和个人是否遵守消防法律法规以及依法实施有关消防安全管理法规和技术标准进行的强制性调查。它是消防安全管理的基本方法之一，也是一种定期的执法活动。通过消防监督检查，可以及时发现并纠正违反消防安全管理的行为，消除各类火灾危害，有效防止火灾发生，保护公共财产和人民生命财产的安全。

5）提高灭火作战水平

火灾对人类造成的伤害是巨大的，及时灭火、减少火灾危害是消防安全管理的重要任务。因此，加强消防队伍建设和消防战术研究，提高消防作业水平，及时扑灭各种火灾、减少火灾危害是消防安全管理的基本方法之一。消防行政管理机构应当加强对各种形式的消防队伍的领导和指挥，不断提高消防队伍的灭火能力。

6）做好宣传教育工作

消防安全宣传教育是指以普遍提高全社会的消防安全意识和能力为目的，以宣传消防安全的政策、方针、法律法规、消防安全的基本知识和技能为内容的宣传教育活动，它是消防管理和安全管理的基本工作，也是消防管理和安全管理的基本方法。广泛开展消防安全宣传教育，对于全面提高职工的消防安全意识和素质、加强消防安全文化理念、提升工程消防安全质

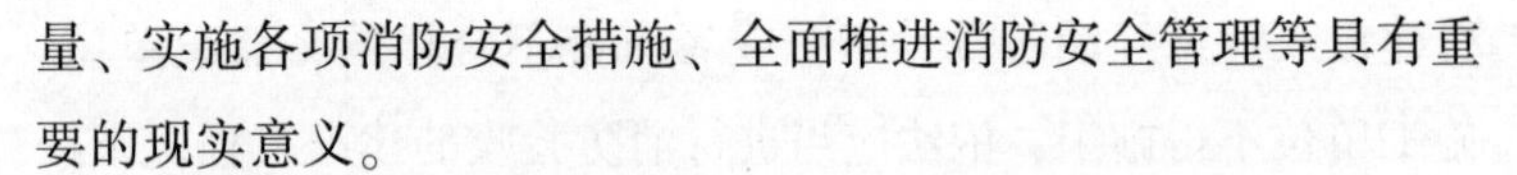

量、实施各项消防安全措施、全面推进消防安全管理等具有重要的现实意义。

7）从严调查处理事故

火灾发生后，消防行政管理机构应当及时查明火灾事故的原因，区分火灾事故的责任，并依法追究火灾事故责任人员的法律责任。这样做不仅可以依法处理违法者，而且还可以教育广大群众自觉遵守消防法律法规，实施消防安全责任制。及时调查和处理火灾事故，对于掌握火灾发生发展规律，不断改进和加强消防安全工作也具有重要意义。

## 15. 消防安全管理组织与职责

### （1）国家综合性消防救援队伍

中华人民共和国综合性消防救援队伍由应急管理部管理，共有六个方面的主要任务：

1）建立统一高效的领导指挥体系

省、市、县级分别设消防救援总队、支队、大队，城市和乡镇根据需要按标准设立消防救援站；森林消防总队以下单位保持原建制。根据需要，组建承担跨区域应急救援任务的专业机动力量。国家综合性消防救援队伍由应急管理部管理，实行统一领导、分级指挥。

2）建立专门的衔级、职级序列

国家综合性消防救援队伍人员，分为管理指挥干部、专业技术干部、消防员三类进行管理；依据消防救援衔条例，实行衔级和职级合并设置。

3）建立规范顺畅的人员招录、使用和退出管理机制

根据消防救援职业特点，实行专门的人员招录、使用和退出管理办法，保持消防救援人员相对年轻和流动顺畅，并坚持在实战中培养指挥员，确保队伍活力和战斗力。

4）建立严格的队伍管理办法

坚持把支部建在队、站上，继续实行党委统一的集体领导下的首长分工负责制和政治委员、政治机关制，坚持从严管理，严格规范执勤、训练、工作、生活秩序，保持队伍严明的纪律作风。

5）建立尊崇消防救援职业的荣誉体系

设置专门的中国消防救援队队旗、队徽、队训、队服，建立符合职业特点的表彰奖励制度，消防救援人员享受国家和社会给予的各项优待，以政治上的特殊关怀激励广大消防救援人员许党报国、献身使命。

6）建立符合消防救援职业特点的保障机制。按照消防救援工作中央与地方财政事权和支出责任划分意见，调整完善财政保障机制；保持由军队转制后消防救援人员现有待遇水平，实行与其职务职级序列相衔接、符合其职业特点的工资待遇政策；整合消防、安全生产等科研资源，研发消防救援新战法新技术新装备；组建专门的消防救援学院。

### （2）消防安全委员会

消防安全委员会是各级党委和政府为加强消防工作，在各级地方政府或大型企业内成立的专门负责管区内消防安全工作的非正式列编领导机构，是推动各部门组织和发动群众做好防

火工作、减少火灾损失的一种组织形式。目前，各级消防安全委员会的主要职责有：

1）贯彻执行国家消防法律法规，执行相应政府和上级对消防工作的指示，研究当地管理区域的消防工作计划，监督检查实施情况。

2）督促各单位和部门履行消防安全责任，确定消防安全主管人员，落实消防安全责任制。

3）根据季节性特点和消防安全的需要，组织有关部门联合开展消防安全执法检查和消防安全专项检查。

4）督促行业、系统和社会各单位贯彻执行国家消防法律法规，整改火灾隐患。

5）组织开展消防安全专项治理和消防宣传教育活动。

### （3）专职消防队

专职消防队是指在城市新区、经济开发区、工业集中区及经济较为发达的中心乡镇，根据《消防法》建立的承担区域性火灾扑救任务的市办、县办等专职的消防队，是除国家综合性消防救援队伍以外的有站点和车辆器材装备，承担火灾预防、火灾扑救及其他灾害或事故抢险救援工作的消防组织，是负责本地区、本单位预防和扑救火灾工作的专业灭火队伍。专职消防队主要承担以下职责：

1）承担责任区消防安全宣传教育培训，普及消防安全知识。

2）定期进行防火检查，及时消除火灾隐患，督促有关单位和个人落实防火责任制。

3）按照国家规定设置防火标志，建立防火检查档案。

4）掌握责任区域的道路、消防水源，消防安全重点单位、重点部位等情况，建立相应的消防业务资料档案。

5）制定本辖区、本单位消防安全重点单位、重点部位的事故处置和灭火作战预案，定期组织演练。

6）扑救火灾，保护火灾现场，协助有关部门调查火灾原因、处理火灾事故。

7）接受应急管理部门指挥调动，协助国家综合性消防救援队伍扑救外辖区、外单位火灾，参加各种抢险救援工作。

### （4）志愿消防队

志愿消防队主要是企业、事业单位或者其他基层组织建立的群众性的志愿组织。其最大的特点是自发性和志愿性，其主要任务是配合国家综合性消防救援队伍或者专职消防队开展火灾扑救工作。志愿消防队主要承担以下职责：

1）参加消防业务培训，提高消防工作能力。

2）具体负责辖区消防设施、器材的维护保养，确保完整有效。

3）定期开展灭火、救援技能训练，以及灭火战术训练。

4）承担社区消防值班任务，随时接受群众救助请求。

5）举办居民灭火技能、逃生知识培训班，提高居民自救能力。

6）制定社区灭火作战预案，定期开展灭火、逃生演练。

7）辖区发生火灾，拨打 119 火警电话报警，及时组织疏散周围群众，迅速扑救初期火灾，协助国家综合性消防救援队伍或专职消防队扑灭一般火灾。

## 16. 消防安全重点部位确定与管理

### （1）消防安全重点部位确定

消防安全重点部位的确定不仅要考虑危险源的分布，还要考虑本单位材料、设备的类型和摆放位置以及生产工艺的流程等，总体需要考虑以下几个方面：

1）容易发生火灾的部位，例如危险化学品仓库、易燃的建筑材料、电气线路等。

2）消防设施，例如消防水泵、消防控制室等。

3）财产集中的地方，例如贵重设备或材料的仓库等。

4）人员密集场所，例如员工餐厅、集体宿舍等。

### （2）消防安全重点部位管理

1）制度管理

建立防火安全制度，使每个人都了解消防重点部位以及重点部位的火灾危险性，明确应遵守的相关规定，同时要落实责任部门和责任人，做到无责任漏洞，实现管理制度化。

2）立牌管理

对于消防重点部位要设置“消防重点部位”指示牌，如禁止烟火警告牌、消防安全管理牌；要实行消防工作规范化，做到消防重点部位明确、禁止烟火明确、防火责任人落实、防火安全制度落实、消防器材落实、灭火预案落实。

3）教育管理

定期组织重点部位工作人员进行消防安全教育，了解重点部位可能发生的火灾与爆炸事故，学习自救知识，通过各种形式的学习做到“三懂、四会”以及消防安全知识群众化。

4）日常管理

开展日常防火检查一方面可以消除安全隐患，尽早地将火灾事故消灭在萌芽状态；另一方面还可以贯彻落实相关消防法律法规。开展防火检查是日常管理最重要的一个环节，主要采用“六查、六结合”的办法。

5）档案管理

建立重点部位防火档案，要在调查、统计、核实的基础上，完善防火档案，明确各部位的危险源、可能发生的事故等，定期更新和纠正档案。

6）应急管理

各单位应根据关键部件物品生产、储存、使用的性质提供相应的应急设施，并配备专人确保应急设施的可用性，制定消防预案，定期组织演练，确保事故发生时能够及时正确处理。

**【知识拓展】**

“三懂、四会”指的是：懂基本消防知识、懂消防器材使用方法、懂逃生自救技能；会查改火灾隐患、会扑救初期火灾、会组织人员疏散、会迅速报警。

“六查、六结合”指的是：单位组织每月查、所属部门每周查、班组每天查、专职消防员巡回查、部门之间互抽查、节日期间重点查；检查与宣传相结合、检查与整改相结合、检查与复查相结合、检查与记录相结合、检查与考核相结合、检查与奖惩相结合。

# 17. 消防安全教育培训

## （1）消防安全教育培训的类别

1）消防安全基本教育培训

消防安全基本教育培训是指全社会各单位结合本单位或本行业的消防风险和消防安全责任对从业人员进行消防安全职责、制度、岗位安全操作规程以及防火、灭火基本知识和技能的培训，目的是确保所有人都了解消防安全基本常识，掌握消防设施设备使用方法和自救技能，能够发现火灾隐患、扑救初期火灾和组织人员疏散逃生。

2）消防安全专业教育培训

消防安全专业教育培训是指具有消防安全培训资质的机构或消防救援机构对具有火灾危险性岗位的从业人员以及与消防安全相关工作岗位的从业人员，组织的消防安全专业知识和技能的教育培训。其目的是培养和训练消防安全技术工人、专业干部和业务骨干。

## （2）消防安全教育培训的主要内容

1）消防安全法律法规

主要有《消防法》《消防监督检查规定》《机关、团体、企业、事业单位消防安全管理规定》等有关法律法规和各省、自治区、直辖市颁布的地方性消防法规和规章，以及《建筑设计防火规范》《消防电子产品检验规则》等消防技术标准。

2）电气防火

主要包括电场、电路、电流等电气工程基础；电气线路、电气设备、电焊、防火；防爆、防静电、防雷以及消防供电、电气从业人员管理等。

3）公共聚集场所的消防安全管理

主要包括安全疏散、消防基本管理措施，电力管理，消防设施、设备管理；公共娱乐场所、酒店、餐馆、购物中心、市场、学校、医院等场所的消防安全管理。

4）易燃易爆危险化学品消防安全管理

主要包括物质的燃烧、火灾的分类、灭火的基本原理；危险化学品的分类和火灾危险性；危险化学品的管理和事故处理等。

5）消防安全管理

主要包括消防工作的方针和原则；消防安全责任制；消防安全教育和安全检查；火灾报警以及火灾初始扑救方法等。

6）消防设备设施安全操作技能与管理

主要包括建筑消防设备设施和消防控制室的运行；火灾监控系统和自动灭火系统及其运行管理；水灭火系统、防排烟系统、火灾应急广播系统等设备的联动控制；消防控制室的管理等。

## 18. 消防应急预案编制

### (1) 消防应急预案编制目的与意义

火灾是生产生活中发生最多的事故之一，如果未能有效及时地实施科学合理的控制措施，将造成重大伤亡和财产损失，所以消防应急预案的制定和实施变得尤为重要。各机关、团体、企业、事业以及其他有火灾危险性的单位要根据本单位的社会环境、规模和单位内部可能发生的火灾类型等，对单位内的人员进行合理配置，组成灭火救援队伍，在正确使用各种灭火技术以及装备的基础上，实施灭火救援行动，将火灾扑灭或者把火灾维持在稳定的燃烧状态等待专业消防救援队伍前来救援，从而最大幅度地减少人员伤亡和财产损失。

1）增强灭火救援的主动性

①各单位人员可以通过制定消防应急预案充分了解本单位内部消防情况，明确火灾、自然灾害以及其他突发事件发生的规律和特点。

②在制定消防应急预案的过程中，单位内部快速处置火灾的能力会不断地提升，只要发生火情，单位内部就可以熟练地、有组织地按照计划实施应对措施，及时控制火情，最大限度地降低损失。

2）深入熟悉本单位内部消防安全部署情况

消防应急预案的编制过程其实是对本单位内部消防部署情况深入了解的过程，比如单位内外的交通情况、单位建筑物的类别以及分布情况、消防水源情况、内部消防设施、消防重点部位、单位内主要事故处置的对策、消防组织和灭火救援力量分布情况等。

3）增强消防工作针对性

预案演练可以提升火灾事故快速处置能力，通过实战演练可以促进预案和实战的结合、发现预案编制的漏洞和救援训练的缺陷，从而增强消防工作的针对性。

### (2) 消防应急预案编制主要内容

消防应急预案不仅包括单位的基本情况、可能发生的火灾类型以及应急组织机构等，还应包括报警和接警的处置程序，扑救初期火灾的程序和措施，应急疏散的程序和措施，通信联络、安全防护与救护的程序和措施，灭火和应急疏散的计划图和注意事项等。

### (3) 消防应急预案编制程序

1）确定消防控制范围和重点保护部位，结合单位自身的情况，确定具体范围，然后再明确消防重点保护对象和部位。

2）制定消防救援方案，尽可能多地调查和搜集本单位所有应急预案资料，进行大量细致的研究工作，准确分析和预测重点单位和可能发生的火灾类型以及火灾危险性，以此来制定火灾扑救的针对性方案。

3）合理分配不同岗位的人员和设备，合理计算现场疏散和灭火救援的人员力量、消防救援器材和物资等数量，并进行合理的配备。

4）合理计划灭火与救援的总体方案，合理安排救援行动的目标和任务、灭火策略、人力部署与设备设施配备等。

5）逐级审核、不断完善应急预案的各方面内容，审核的重点要侧重于具体情况、处置对策、人员安排、扑救方法以及后勤保障等方面。

## 19. 消防应急演练

消防应急演练的目的是通过培训、评估、改进等手段，提高保护人民群众生命财产安全和环境的应急能力，进一步检验应急预案是否有效，验证应急预案对可能出现的各种火灾情况的适应性，并找出应急准备工作中需要改善的地方。

应急演练的类型有多种，不同类型的应急演练虽有不同特点，但在策划演练内容、演练情景、演练频次、演练评价方法等方面具有共同性。消防应急演练的总体要求如下：

### （1）依法制定、依法开展

消防应急演练必须遵守《安全生产法》《消防法》《机关、团体、企业、事业单位消防安全管理规定》和消防应急预案的要求。

### （2）高度重视、科学计划

消防演练小组组长由演练组织单位或者上级单位的负责人担任。消防应急演练必须事先确定演练目标，演练策划人员应对演练内容、情景等事项进行精心策划。

### （3）结合实际、突出重点

消防应急演练应结合单位存在的危险源特点、潜在火灾类型、可能发生事故的地点和气象条件及应急准备工作的实际情况进行。

### （4）周密组织、统一指挥

演练策划人员必须制定并落实保障演练达到目标的具体措施，各项演练活动应在统一指挥下实施，演练人员要严守演练现场规则，确保演练过程安全。

### （5）由浅入深、分步实施

消防应急演练应遵循由下而上、先分后合、分步实施的原则。

### （6）讲究实效、注重质量

消防应急演练指导机构应追求效率，工作程序要简明，各类演练文件要实用，避免一切形式主义，以实效为检验演练质量的唯一标准。

### （7）注重时机、兼顾效率

消防应急演练原则上应避免惊动他人，如确实需要有限数量的人员配合，则应在相关教育得到普及、条件比较成熟时相机而行。

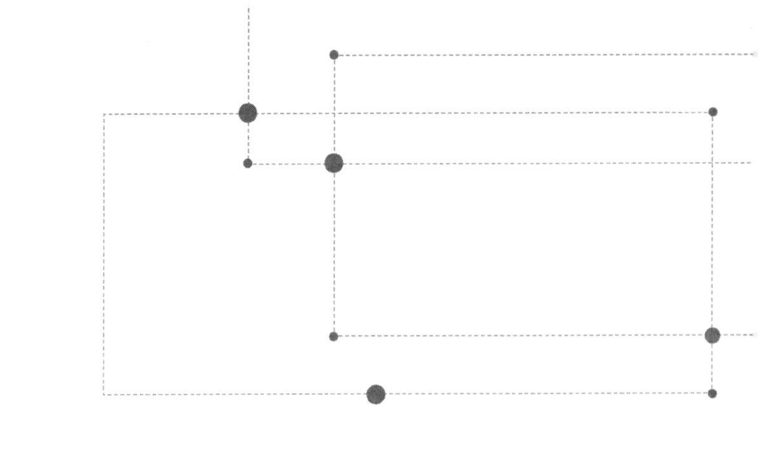

# 第3章

# 消防安全法律法规常识

## 20. 消防安全法律法规体系

我国目前已经形成了以《消防法》为核心，相关行政法规、部门规章以及技术标准等为补充的十分完备的消防法律法规体系。

### （1）消防法律

消防法律是指全国人民代表大会及其常务委员会制定、颁布的与消防有关的各项法律，它们规定了我国消防工作的宗旨、方针、政策、组织机构、职责权限、活动原则和管理程序等，用以调整国家各级行政机关、企业、事业单位、社会团体和公民之间消防工作关系的行为规范。我国现行的消防法律除《消防法》之外，还分散于各类其他法律文件中。例如，《刑法》中就规定了与消防安全管理有关的放火罪，失火罪，消防责任事故罪，重大责任事故罪，危险物品肇事罪，生产、销售不符合安全标准的产品罪，妨害公务罪，滥用职权罪、玩忽职守罪等内容。

### （2）消防行政法规

行政法规是国务院根据宪法和法律，为领导和管理国家各项行政工作，按照法定程序制定出来的规范性文件。与消防安全有关的行政法规主要有《国务院关于特大安全事故行政责任追究的规定》《危险化学品安全管理条例》《大型群众性活动安全管理条例》《森林防火条例》《草原防火条例》等。

### (3) 消防部门规章

部门规章是国务院各部门在本部门职权范围内，根据法律和国务院的行政法规、决定、命令制定的，并以部门首长签署命令的形式颁布的规范性文件。部门消防规章如《机关、团体、企业、事业单位消防安全管理规定》《建设工程消防监督管理规定》《公共娱乐场所消防安全管理规定》等，这些规定的制定结合消防工作的需要，是为了更好地贯彻消防法律、行政法规，因此社会各单位和公民应当自觉遵守。

### (4) 消防技术标准

消防技术标准是用以规范消防技术领域中人与自然、科学技术关系的准则或标准。消防技术标准可分为国家标准、行业标准以及地方标准，根据其强制约束力不同，可分为强制性标准和推荐性标准。《标准化法》规定，对保障人身健康和生命财产安全、国家安全、生态环境安全以及满足经济社会管理基本需要的技术要求，应当制定强制性国家标准，其他的为推荐性标准。强制性标准必须执行，推荐性标准国家鼓励企业自愿采用，消防技术标准一般都是强制性标准。

## 21. 消防法

### (1) 立法目的与意义

1）立法目的

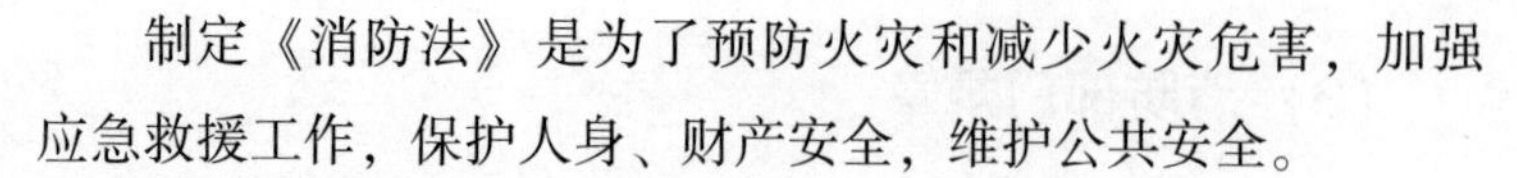

制定《消防法》是为了预防火灾和减少火灾危害，加强应急救援工作，保护人身、财产安全，维护公共安全。

2）制定意义

推进《消防法》有利于加强和改革消防工作制度，有效预防火灾和减少火灾危害；推进消防力量建设，提升火灾扑救和应急救援能力；保障消防工作与经济建设和社会发展相适应，提高社会公共消防安全水平；全面落实消防安全责任制，建立健全社会化的消防工作网络。

## （2）消防工作的方针、原则和基本制度

1）工作方针

《消防法》规定："消防工作贯彻预防为主、防消结合的方针。"预防为主，就是要求在消防工作中把预防火灾摆在工作首位，将火灾消灭在萌芽状态。防消结合，就是要求在消防工作实践中，把同火灾作斗争的两个基本手段——"防"与"消"有机地结合起来，在做好各项防火工作的同时，还要做好各项灭火准备，一旦发生火灾，能够及时发现、有效扑救，最大限度地减少火灾造成的损失。

2）工作原则

消防安全管理是政府社会管理和公共服务的重要内容，是社会稳定和经济发展的重要保障。各级人民政府必须加强对消防工作的领导，贯彻落实习近平新时代中国特色社会主义思想、建设现代服务型政府、构建并实现中国梦。政府统一领导、部门依法监管、单位全面负责、公民积极参与，共同构筑消防安全工作格局，任何一方都非常重要，不可偏废，这是《消防法》确定的消防工作的原则。

①政府统一领导。明确了政府的消防安全领导责任，根据法律法规的规定，各级人民政府应当将消防工作纳入国民经济和社会发展计划，保障消防工作与经济建设和社会发展相适应。

②部门依法监管。明确了政府部门的消防安全监管责任，部门指的是政府中所有涉及社会消防管理的各个行政部门。依法监管的法，主要是指《消防法》，对《消防法》提出的政府各部门应当履行的消防法定职责，各部门应认真学习、细心领会、坚决执行、贯彻落实。

③单位全面负责。明确了单位的消防安全管理责任。每个单位要对本单位的消防安全负责，单位的主要负责人是本单位的消防安全责任人。

④公民积极参与。明确了公民的权利和义务。公民是消防工作的基础，没有广大公民的参与，消防工作就不会发展进步，全社会抗御火灾的基础就不会牢固，公民是消防安全工作的参与者，同时也是监督者。

3）基本制度

《消防法》规定，我国实行消防安全责任制，该制度是我国对过去工作经验积累和无数火灾中得出教训的基础上得来的。实践证明，每个人、每个企业、每个政府部门只要在各自的消防安全工作上各尽其责，实行消防安全责任制，不仅可以提升广大群众、各企业以及政府各部门消防工作的积极性，还能够增强整个社会的消防安全意识，从而提高社会整体抵抗火灾的能力。

4）相关术语解释

①消防设施。消防设施是指火灾自动报警系统、自动灭火

系统、消火栓系统、防烟排烟系统以及应急广播和应急照明、安全疏散设施等。

②消防产品。消防产品是指专门用于火灾预防、灭火救援和火灾防护、避难、逃生的产品。

③公众聚集场所。公众聚集场所是指宾馆、饭店、商场、集贸市场、客运车站候车室、客运码头候船厅、民用机场航站楼、体育场馆、会堂以及公共娱乐场所等。

④人员密集场所。人员密集场所是指公众聚集场所，医院的门诊楼、病房楼，学校的教学楼、图书馆、食堂和集体宿舍，养老院，福利院，托儿所，幼儿园，公共图书馆的阅览室，公共展览馆、博物馆的展示厅，劳动密集型企业的生产加工车间和员工集体宿舍，旅游、宗教活动场所等。

## 22. 消防安全职责

### （1）消防安全单位职责

机关、团体、企业、事业等其他有火灾危险性的单位应当落实消防安全主体责任，履行下列职责：

1）明确各级、各岗位消防安全责任人及其职责，制定本单位的消防安全制度、消防安全操作规程、灭火和应急疏散预案。定期组织开展灭火和应急疏散演练，进行消防工作检查考核，保证各项规章制度落实。

2）保证防火检查巡查、消防设施器材维护保养、建筑消防设施检测、火灾隐患整改、专职或志愿消防队和微型消防站建设等消防工作所需资金的投入。生产经营单位应当保证适当比例安全费用用于消防工作。

3）按照相关标准配备消防设施、器材，设置消防安全标志，定期检验维修，对建筑消防设施每年至少进行一次全面检测，确保完好有效。设有消防控制室的，实行 24 小时值班制度，每班不少于 2 人，并持证上岗。

4）保障疏散通道、安全出口、消防车通道畅通，保证防火防烟分区、防火间距符合消防技术标准。人员密集场所的门窗不得设置影响逃生和灭火救援的障碍物。保证建筑构件、建筑材料和室内装修装饰材料等符合消防技术标准。

5）定期开展防火检查、巡查，及时消除火灾隐患。

6）根据需要建立专职或志愿消防队、微型消防站，加强队伍建设，定期组织训练演练，加强消防装备配备和灭火药剂储备，建立与公安消防队联勤联动机制，提高扑救初期火灾能力。

7）消防法律法规、规章以及政策文件规定的其他职责。

### （2）消防安全重点单位职责

消防安全重点单位除履行以上职责外，还应当履行下列职责：

1）明确承担消防安全管理工作的机构和消防安全管理人并报知当地消防救援部门，组织实施本单位消防安全管理。消防安全管理人应当经过消防培训。

2）建立消防档案，确定消防安全重点部位，设置防火标志，实行严格管理。

3）安装、使用电气产品、燃气用具和敷设电气线路、管线必须符合相关标准和用电、用气安全管理规定，并定期维护保养、检测。

4）组织员工进行岗前消防安全培训，定期组织消防安全培训和疏散演练。

5）根据需要建立微型消防站，积极参与消防安全区域联防联控，提高自防自救能力。

6）积极应用消防远程监控、电气火灾监测、物联网技术等技防物防措施。

### (3) 消防安全责任人职责

单位的消防安全责任人应当履行下列消防安全职责：

1）贯彻执行消防法律法规，保障单位消防安全符合规定，掌握本单位的消防安全情况。

2）将消防工作与本单位的生产、科研、经营、管理等活动统筹安排，批准实施年度消防工作计划。

3）为本单位的消防安全提供必要的经费和组织保障。

4）确定逐级消防安全责任，批准实施消防安全制度和保障消防安全的操作规程。

5）组织防火检查，督促落实火灾隐患整改，及时处理涉及消防安全的重大问题。

6）根据消防法律法规的规定建立专职消防队、志愿消防队。

7）组织制定符合本单位实际的灭火和应急疏散预案，并实施演练。

### （4）消防安全管理人职责

单位可以根据需要确定本单位的消防安全管理人。消防安全管理人对单位的消防安全责任人负责，实施和组织落实下列消防安全管理工作：

1）拟订年度消防工作计划，组织实施日常消防安全管理工作。

2）组织制定消防安全管理制度和保障消防安全的操作规程并检查督促其落实。

3）拟定消防安全工作的资金投入和组织保障方案。

4）组织实施防火检查和火灾隐患整改工作。

5）组织实施对本单位消防设施、灭火器材和消防安全标志的维护保养，确保其完好有效，确保疏散通道和安全出口畅通。

6）组织管理专职消防队和志愿消防队。

7）在员工中组织开展消防知识、技能的宣传教育和培训，组织灭火和应急疏散预案的实施和演练。

8）单位消防安全责任人委托的其他消防安全管理工作。

## 23. 消防安全义务及法律责任

### （1）消防安全义务

1）任何单位和个人都有维护消防安全、保护消防设施、预防火灾、报告火警的义务，任何单位和成年人都有参加有组织的灭火工作的义务。

2）任何单位、个人都应无偿为火灾报警提供便利，不得阻拦报警，严禁谎报火警。

3）人员密集场所发生火灾，现场工作人员应当立即组织、引导在场人员疏散。

4）任何单位发生火灾，必须立即组织力量扑救，邻近单位应当给予支援。

5）消防车、消防艇前往执行火灾扑救或者应急救援任务，在确保安全的前提下，不受行驶速度、行驶路线、行驶方向和指挥信号的限制，其他车辆、船舶以及行人应当让行，不得穿插超越。

6）火灾扑灭后，发生火灾的单位和相关人员应当按照消防救援机构的要求保护现场，接受事故调查，如实提供与火灾有关的情况。

### （2）消防安全法律责任

1）单位违反《消防法》规定，有下列行为之一的，责令改正，处五千元以上五万元以下罚款：

①消防设施、器材或者消防安全标志的配置、设置不符合国家标准、行业标准，或者未保持完好有效的。

②损坏、挪用或者擅自拆除、停用消防设施、器材的。

③占用、堵塞、封闭疏散通道、安全出口或者有其他妨碍安全疏散行为的。

④埋压、圈占、遮挡消火栓或者占用防火间距的。

⑤占用、堵塞、封闭消防车通道，妨碍消防车通行的。

⑥人员密集场所在门窗上设置影响逃生和灭火救援的障碍

物的。

⑦对火灾隐患经消防救援机构通知后不及时采取措施消除的。

个人有上述第 2 项、第 3 项、第 4 项、第 5 项行为之一的，处警告或者五百元以下罚款。有上述第 3 项、第 4 项、第 5 项、第 6 项行为，经责令改正拒不改正的，强制执行，所需费用由违法行为人承担。

2）有下列行为之一的，依照《治安管理处罚法》的规定处罚：

①违反有关消防技术标准和管理规定生产、储存、运输、销售、使用、销毁易燃易爆危险品的。

②非法携带易燃易爆危险品进入公共场所或者乘坐公共交通工具的。

③谎报火警的。

④阻碍消防车、消防艇执行任务的。

⑤阻碍消防救援机构的工作人员依法执行职务的。

3）违反《消防法》规定，有下列行为之一的，处警告或者五百元以下罚款；情节严重的，处五日以下拘留：

①违反消防安全规定进入生产、储存易燃易爆危险品场所的。

②违反规定使用明火作业或在具有火灾、爆炸危险的场所吸烟、使用明火的。

4）违反《消防法》规定，有下列行为之一，尚不构成犯罪的，处十日以上十五日以下拘留，可以并处五百元以下罚款；情节较轻的，处警告或者五百元以下罚款：

①指使或者强令他人违反消防安全规定，冒险作业的。

②过失引起火灾的。

③在火灾发生后阻拦报警，或者负有报告职责的人员不及时报警的。

④扰乱火灾现场秩序，或者拒不执行火灾现场指挥员指挥，影响灭火救援的。

⑤故意破坏或者伪造火灾现场的。

⑥擅自拆封或者使用被消防救援机构查封的场所、部位的。

5）消防救援机构的工作人员滥用职权、玩忽职守、徇私舞弊，有下列行为之一，尚不构成犯罪的，依法给予处分：

①对不符合消防安全要求的消防设计文件、建设工程、场所准予审查合格、消防验收合格、消防安全检查合格的。

②无故拖延消防设计审查、消防验收、消防安全检查，不在法定期限内履行职责的。

③发现火灾隐患不及时通知有关单位或者个人整改的。

④利用职务为用户、建设单位指定或者变相指定消防产品的品牌、销售单位或者消防技术服务机构、消防设施施工单位的。

⑤将消防车、消防艇以及消防器材、装备和设施用于与消防和应急救援无关的事项的。

⑥其他滥用职权、玩忽职守、徇私舞弊的行为。

产品质量监督、工商行政管理等其他有关行政主管部门的工作人员在消防工作中滥用职权、玩忽职守、徇私舞弊，尚不构成犯罪的，依法给予处分。

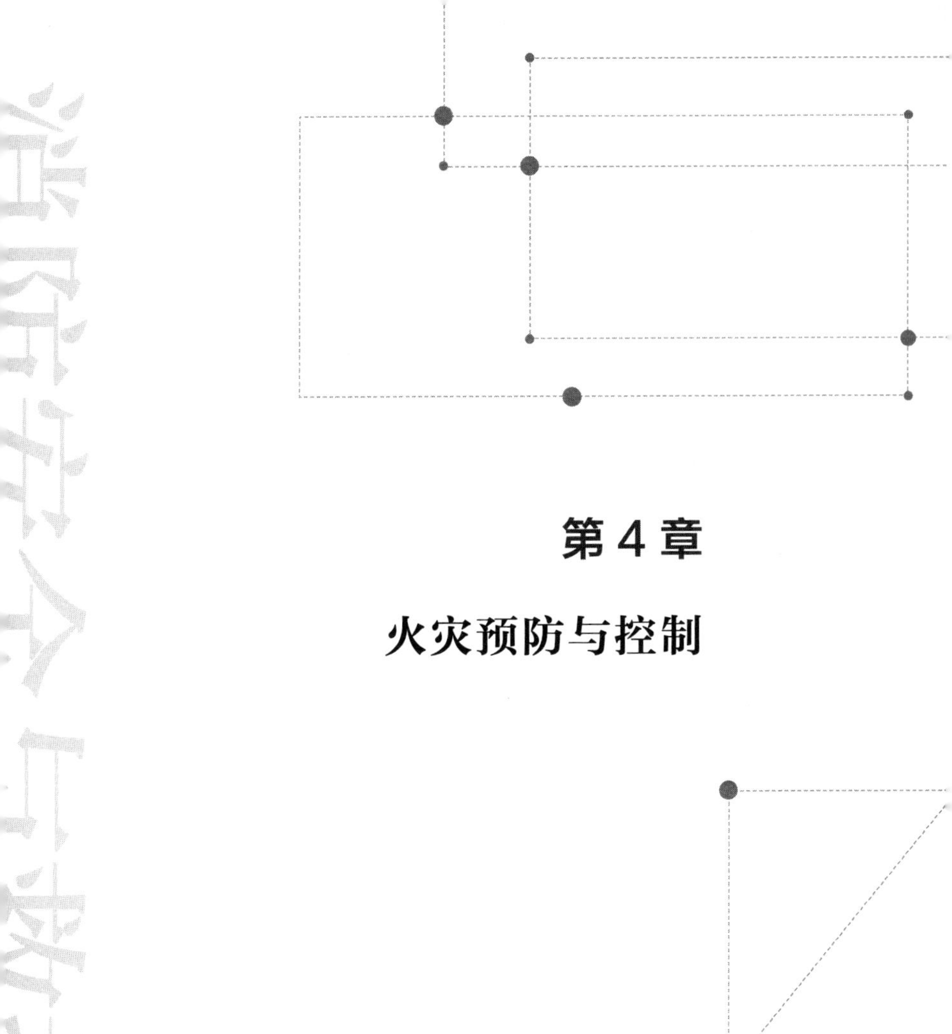

# 第4章

# 火灾预防与控制

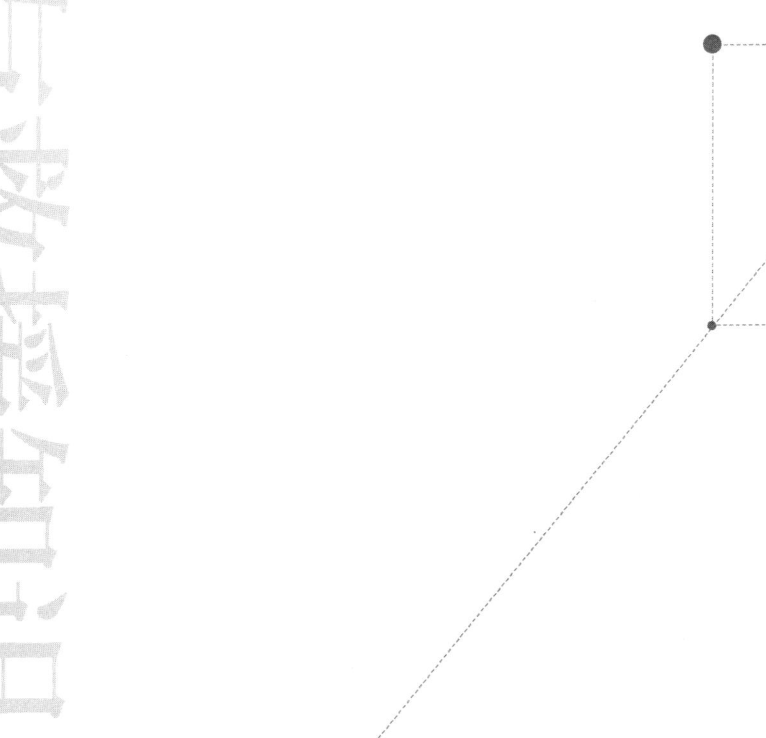

## 24. 火灾隐患判定

根据《消防监督检查规定》，下列情形应当直接确定为火灾隐患：

（1）影响人员安全疏散或者灭火救援行动，不能立即改正的。

（2）消防设施未保持完好有效，影响防火灭火功能的。

（3）擅自改变防火分区，容易导致火势蔓延、扩大的。

（4）在人员密集场所违反消防安全规定，使用、储存易燃易爆危险品，不能立即改正的。

（5）不符合城市消防安全布局要求，影响公共安全的。

（6）其他可能增加火灾实质危险性或者危害性的情形。

## 25. 火灾预防基本措施

（1）严格控制火源。

（2）监视火灾酝酿期特征。

（3）采用耐火材料。

（4）阻止火势的蔓延。

（5）限制火灾可能发展的规模。

（6）组织训练消防队伍。

（7）配备相应的消防器材。

## 26. 可燃物控制措施

控制可燃物的防火防爆基本原理是限制燃烧的条件或缩小可能燃烧的范围，具体方法是：

（1）以难燃或不燃材料代替易燃或可燃材料。

（2）加强通风，保证易燃、易爆、有毒物品在厂房内的浓度不超过最高允许浓度，防止形成爆炸性混合物。

（3）对在性质上相互作用能发生燃烧或爆炸的物品采取分开存放、隔离等措施。

## 27. 助燃物控制措施

控制助燃物防火防爆的基本原理是限制燃烧的助燃条件，具体方法如下：

### （1）防泄漏

防止物料泄漏和空气渗入。

### （2）加强密闭

密闭有易燃易爆物质的空间、压力容器和设备；使用易燃易爆物质的生产环节应在密闭设备或管道中进行；真空设备防止空气流入设备；开口容器、容积较大无保护的玻璃瓶不允许储存可燃液体；没有耐压性的容器不能储存压缩气体和液体；

储存和运输有燃烧爆炸危险物料的设备和管道，尽量采用焊接，减少法兰连接；输送易燃易爆的气体、液体的管道，宜采用无缝钢管；接触高锰酸钾、氯酸钾、硝酸钾等粉状氧化剂的生产、传送装置，要严加密封等。

### (3) 气体保护

气体保护是指利用氩气、氮气、氦气、二氧化碳、水蒸气、烟道气等气体对一般材料的反应惰性，把材料与空气隔离，阻止空气与材料反应。这些气体均是化学性质不活泼、没有爆炸危险的气体。

### (4) 隔绝空气储存

遇空气或受潮、受热极易自燃的物品，应隔绝空气储存。如将二硫化碳、磷储存于水中，将钾、钠储存于煤油中；新制造的液化石油气储罐、槽车、钢瓶在灌装时要先抽成真空；储罐、槽车、钢瓶里的液化石油气不能完全排放或使用，应留有多余压力，关好阀门，防止多余气体逸出。

### (5) 清洗、置换设备和管道

对于加工、输送、储存可燃气体的设备、容器、机泵和管道，进气前必须用稀有气体替换内部空气，防止可燃气体进入时与空气形成爆炸性混合物。同样，在停车前也需要用一种稀有气体置换掉设备内的可燃气体。特别是需要用火或出现其他点火源检修时，必须更换设备中的可燃气体或者蒸气并经检验合格才能进行下一步操作。对于盛放过易燃、可燃液体的桶、罐、容器以及其他设备，动火前，必须用水或水蒸气彻底清洗其中残余的液体及沉淀物。

## 28. 引火源控制措施

### （1）控制明火

对于有火灾危险性的场所，应有醒目的“禁止烟火”“严禁吸烟”等安全标志。易燃易爆场所应采用封闭式或防爆型电气照明，不得使用蜡烛、火柴或普通灯具照明。禁止携带火柴、打火机等进入易燃易爆生产车间。机动车辆进入危险区要戴防火帽；使用气焊、电焊、喷灯时，必须按照危险等级办理动火批准手续，在采取完备防护措施、确保安全无误后方可动火作业，操作人员必须严格按照操作规程操作。

### （2）防止摩擦与撞击

摩擦与撞击产生的火花可能引起火灾爆炸事故。防止火花产生的具体措施：

1）机器的轴承传动部件及时加润滑油，并经常去除附着的可燃物。

2）锤子、扳手、钳子等工具应用镀铜的钢生产。

3）为防止金属零件落入设备里，在设备进料前应安装磁力离析器，不适合用磁力离析器的，应安装稀有气体保护装置。

4）输送气体或液体的管道，应定期进行耐压试验，防止破裂或接口松动引起喷射起火。

5）所有存在撞击或摩擦的两部分都应采用不同的金属制成。

6）搬运金属容器时，严禁抛掷或在地上拖拉，应在容器可能碰撞的部位覆盖上不会产生火花的材料。

7）防爆生产厂房应禁止穿带铁钉的鞋，地面应采用不会产生火花的材料。

### (3) 防止电气火花

电气火花具有较高温度，特别是电弧温度可达 5 000～6 000 ℃，不仅能引起燃料的燃烧，还能使金属熔化飞溅，构成新的火源。为了防止产生电气火花，应在具有燃烧爆炸危险的场所，根据其危险等级选择合适的防爆电气设备或封闭式电气设备，制定严格的操作规程及检查系统，并对系统定期检查，以保证电气设备正常运行。

### (4) 防止日光照射和聚焦

应防止低温下能够自燃的物质以及盛装可燃液体和压缩气体、液化气体的容器受日光照射，注意防止日光的聚焦作用。

### (5) 防止和控制绝热压缩

若空气压缩比大于 10，则被压缩的空气温度会达到 463 ℃以上。这时，被压缩的气体如果含有自燃点低的可燃气体或蒸气，会被点燃而发生化学性爆炸。

# 29. 交通运输火灾预防

## (1) 汽车火灾预防

1）防止油料渗漏

汽车火灾事故大部分是油料燃烧引起的，如果油料没有渗漏现象，则在一般条件下不会发生火灾。驾驶员要随时检查燃油供给系统和润滑油有无渗漏，发现渗漏，要及时处理。润滑油的轻微渗油现象有时很难根除，要及时将渗出的油迹擦净。油箱盖和使用防冻液时的水箱盖要严密，加注油料和防冻液不可过满，以防激溅溢出。此外，还要注意油箱的温度，如夏季日光暴晒、冬季靠近火墙等，都会使油箱过热，增加油料的挥发，挥发出来的油气更容易引起火灾。油箱焊修时要将箱壁上黏附的残油洗净。在行驶途中排除油路故障时，要注意渗漏的油不能被点燃，任何时候都不准用汽油擦洗汽车发动机。

2）隔绝火源

火源是指能够点燃油料或其他易燃品的火花、火种或炽热体，针对汽车防火，主要有以下几个方面：

①人为火源。人为火源主要包括：烤车用火、点燃的油灯、火柴火、打火机火、喷灯火、车库炉火、照明灯的电火、吸烟的火花等，这些火源都有引起汽车火灾的先例，特别是在油箱口附近或汽车漏油时，更容易由于疏忽大意而引起火灾。因此，对驾驶员要加强防火意识教育，企业要有严密的防火制度，无关人员严禁进入车库。

②汽车本身的电火花。汽车的高压电虽有防护，但在汽缸外跳火的机会仍然很多，如高压线插头松动、绝缘老化等都会引起高压跳火，若附近恰好有易燃物或汽油蒸气，就会引起火灾。因此，预防火灾必须保持车辆状态良好，加强车辆的维护。

③汽缸内溢出的火。化油器回火、排气管放炮、点火时间不合适、负荷过大、混合气过浓等引起的发动机排气管过热，都能引起火灾。特别是在发动机不清洁，沾染油污、油污黏附杂草枯叶时，如果附近有火源便能引起火灾。为此，必须经常擦拭发动机，保持其外表清洁，没有油污，并将油电路调整适当。

④静电火花和金属撞击引起的火花。汽油与油箱、油料与油罐在运动中会因摩擦产生静电，当电位高到一定程度也会跳火引起火灾。因此，仓库的储油容器、管线、装卸设备上要安装接地线，以便把静电导入大地。油罐车要拖一根接地链，且要连接牢固，导电良好。加油时，加油枪管口应尽量接近油面，控制流速，以减少油料搅动与冲击，避免产生火花。实践证明，在开始装油和装油量达到容器 3/4 时，最容易发生静电跳火事故，所以在加油开始时和接近装满时，要放慢油的流速。黑色金属的撞击也能发生火花，所以在有汽油或汽油蒸气的地方，严禁用铁锤或扳手敲击金属，如油箱口、油桶盖等。

### （2）列车火灾预防

1）加强设备、电器的安全管理

①燃煤锅炉、茶炉。点火前具体检查各阀门位置是否正确，水位表、温度表是否良好，严禁缺水点火；室内不准放杂

物，并要保持清洁，及时消除油污；加煤时检查煤内是否有爆炸物；离人加锁；炉灰应用水浸灭后再清除出车外；经常巡视检查；清灰时将灰渣余火彻底熄灭。

②餐车炉灶。检查储藏室是否有易燃易爆物品，烟囱、炉灶、排油烟罩应定期清除油垢及杂物，燃气、燃油罐与炉灶之间的间距不得小于 50 厘米；列车运行过程中，严禁在餐车炼油，油炸食品和食品过油时油量不得超过容器容积的 1/3；乘务员不得使用自备的炉具和电热器具；严禁炊事人员在火源、气源未关闭的情况下擅离岗位；在液化气瓶漏气时，应将其撤离餐车后再检查修理，并对餐车开窗通风，严禁在液化气大量泄漏时点火或操作电气开关，严禁在液化气泄漏时用明火检查漏气部位。

③发电车和车辆电气装置。旅客列车出发前和到站后，应对各种电气设备进行安全检查，各种电源配线及裸露在墙板线槽的导线应排列整齐，线头要包扎良好，防止漏电过程中产生火花；各接线端子、接线柱应防止开焊、松动虚接而产生电火花和电弧；各电源熔丝应根据规定配齐，严禁以大代小，以其他金属丝代替熔丝，使电路保险装置失去安全保险作用；列车运行中车厢电源和电气设备必须保持状态良好、清洁，发电车和车厢的配电室内严禁存放物品，配电室离人时应锁闭，严格遵守操作规程，严禁乱拉电线、乱设电气装置。

2）整顿列车秩序

严禁“三品”（危险品、易燃易爆品和毒害品）上车；列车在始发站和较大站、重点区段站停靠，旅客上车时乘务员要严格按照制度、方法进行“三品”检查，密切注意旅客随身携带的物品，发现易燃易爆物品时应立即集中处理。

3）强化日常消防安全管理

①在禁止吸烟的车厢内，要提醒旅客不得吸烟。在允许吸烟的车厢，要告诫旅客应将捻灭的烟头和熄灭的火柴梗放在烟灰盒内，不可随手乱扔，并应在车厢内备齐烟灰盒。要提醒旅客严禁躺在卧铺上吸烟。

②要及时对车内进行检查和清扫，避免如纸张、碎布片等易燃可燃物品堆积在地板上，提醒旅客将废弃的物品放在茶几上，并及时给予清除。行李应放在行李架上，不得放在通道上，以免发生火灾时妨碍乘客有秩序地疏散逃生。

③广播室内禁止吸烟，严禁放置易燃可燃物品和其他物质；行李车上要注意“三品”的检查，并不准闲杂人员搭乘。邮政车严禁闲杂人员进入，并严禁烟火。

④经常组织乘务员学习消防知识，掌握对列车内用火、用电设备及灭火器材等方面进行检查、使用的技术性知识和方法，真正做到平时能防火，一旦发生火灾，能迅速、妥善、正确处理，将火灾损失减少到最低程度。

### （3）飞机火灾预防

1）飞机在飞行过程中的防火

①飞机在空中飞行时，机上空勤人员和乘客一律禁止吸烟。

②飞行人员必须严格遵守飞行条例规定，与其他飞机、建筑物等保持足够的距离并按规定的方向避让，严防事故的发生。

③机上的电热器具如电炉、烘箱、电加热器等应严格管理，不用时应立即关闭电源或拔掉插座。严禁飞机在积雨云、

浓积云和结冰区域内飞行，以防雷击。

④加强飞行过程中的安全检查，发现异常情况应冷静采取措施或及时将出现的问题和处置情况向航行管制员报告。

⑤在低能见度或出现故障情况下着陆时，飞行人员应通过塔台事先通知消防救援部门，做好应急救援准备。飞机着陆时，一旦出现起落架故障且无法排除时，可在规定地带进行迫降。迫降前，除留足可供迫降的燃油外，其余燃油应立即倾泻，以减少危险。迫降时，航行管制员应立即通知消防救援部门赶赴现场，做好灭火准备。

2）飞机在停机坪时的防火

①飞机在地面时，要控制各种生产生活保障车辆，严防撞机事故发生。除客梯车外，其他车辆与飞机应保持一定的安全距离。电源车、客梯车、装货车、牵引车、清洗车、加油车、加水车及食品供给车等，必须按次序靠近飞机，并按规定在指定位置停放。各种勤务车辆进入停机坪的行驶速度，最大不得超过 10 千米/小时。

②严格管理飞行活动区域，严禁人、畜、车辆进入以免发生危险。此区域应消除飞鸟聚集的环境条件，附近的建、构筑物应安装灯光标志，以防飞机与飞鸟或建、构筑物撞击发生事故。

③禁止旅客班机和载人专机装运易燃、易爆、自燃、强氧化、强腐蚀等化学危险品和压缩气体。空勤人员和旅客不准随机携带烟花爆竹和火柴，货物装运时装运人员不准吸烟。

④集装箱和零散行李要码放牢固，零散行李与货舱照明灯具应保持不小于 50 厘米的距离。

⑤飞机起飞前应严格检查，停机坪上的可燃物必须彻底清

除干净。

3）飞机在进行检修时的防火

①维修燃油箱时，必须在消除燃油箱油气前做好通风、灭火等防范措施。必须拆下飞机上的电瓶，停止发动机工作并挂出标示牌。工作人员应穿棉布质的清洁安全工作服。

②飞机充氧系统充氧前，充氧人员必须洗净手上的油脂，穿专用充氧服，并先接好专用地线。充氧时，严禁易燃物与充氧器具接触，同时严禁飞机加油、通电。充氧结束后，应先关充氧车充氧开关，再关飞机充氧开关，缓慢地放出冲氧管中的余压。充气现场的地面及周围不得有任何易燃物和火源。

③进行大面积喷漆、涂饰作业时，飞机必须做好静电接地，并在工作区附近或舱门入口的梯子处放置灭火器。

### （4）船舶火灾预防

1）禁止在机舱、货舱、物料间或储藏室内吸烟，在卧室内禁止躺卧吸烟。装卸货物或加装燃油时禁止在甲板上吸烟。

2）吸烟时，烟头、火柴杆必须熄灭后投入烟缸，不能乱丢或向舷外乱扔，也不准扔在垃圾桶内。开房间时应随手关闭电灯和电扇等电器。风雨或风浪天气应将舷窗关闭严密，航行中禁止锁门睡觉。

3）必须集中保管的易燃易爆物品，不准私自存放，禁止任意烧纸或燃放烟花爆竹、严禁玩弄救生信号弹。

4）禁止私自使用移动式明火电炉。使用电炉、电水壶、电熨斗、电烙铁等电热器具时，必须有人看管，离开时必须拔掉插头或切断电源。不准擅自接拆电气线路和电器，不准用纸或布遮盖电灯，不准在电热、蒸汽器具上烘烤衣服、鞋袜等。

5）废弃的棉纱头、破布应放在指定的金属容器内，不得乱放。潮湿或油污的棉毛织物应及时处理，不准堆放在闷热的地方，以防自燃。

6）货舱灯必须妥善维护，使用时要检查灯泡及护罩，如有损坏应及时换新。货舱灯电缆要通畅，防止被他物压坏，使用后应放在指定地点妥善保管。

7）明火作业须经船长同意（港内必须经当局批准），作业前须查清周围及上下邻近各舱有无易燃物，特别要查明焊接处是否通向油舱。当进行气焊作业时，要严防“回火”，避免事故，须派专人备妥消防器材在旁监护。作业完毕后，要仔细检查有无残留火种，避免发生复燃。

8）油轮货油泵间必须保持清洁，不得堆放杂物，污油应经常清除。货油泵要定期检查，并应按规定进行注油。装卸期间，油泵操作人员或轮机员不得擅离值守。禁止闪光照相和在甲板阳光下戴老花眼镜。

9）严格遵守与防火防爆有关的安全操作规程和有关规定。当发现任何不安全因素时，每个船员均有责任及时报告上级；对违章行为，人人有责任及时制止。

## 30. 建筑施工火灾预防

### （1）建筑施工防火措施

1）要建立并落实消防安全责任制，建筑工地人员和设备复杂，管理难度大，因而必须认真贯彻“谁主管，谁负责”

的原则，明确安全责任，逐级签订安全责任书，确保安全。

2）现场要有明显的防火宣传标志，必须配备消防用水和消防器材，关键部位应配备不少于 4 个灭火器，并经常检查、维护、保养以确保灭火器材灵敏有效。要定期对施工现场的志愿消防队队员组织教育培训。

3）加强施工现场道路管理，合理规划施工现场，留出足够的防火间距。在施工现场设置宽度不小于 3.5 米、24 小时随时畅通的消防通道，禁止在临时消防车道上堆物、堆料或挤占临时消防车道。

4）加强对明火的管理，保证明火与可燃、易燃物堆场和仓库的防火间距符合要求，防止飞火，对残余火种应及时熄灭。

5）加强电焊、气焊操作管理，切实加强临时用电和生活用电安全管理。

6）对重点工种人员定期进行培训，要对一些从事火灾危险性较大的工种，如电工、油漆工、焊工、锅炉工等进行必要的消防知识培训，保证施工安全。

### （2）电气设备防火措施

电气设备的安装和线路的敷设应符合国家相关标准、规范中的有关要求。

1）电气设备应由具有电工资格的人员负责安装和维修，严格执行安全操作规程。每年应对电气线路和设备进行安全性能检查，必要时应委托专业机构进行电气消防安全检测。

2）在防爆、防潮、防尘的部位安装电气设备，应符合有关安全要求。

3）电气线路敷设、设备安装应采取下列防火措施：

①明敷塑料导线应穿管或加线槽保护，吊顶内的导线应穿金属管或 $B_1$ 级 PVC 管保护，导线不应裸露，并应留有 1~2 处检修孔。

②配电箱的壳体和底板宜采用 A 级材料制作。配电箱不应安装在 $B_2$ 级以下（含 $B_2$ 级）的装修材料上。

③开关、插座应安装在 $B_1$ 级以上的材料上。

④照明、电热器等设备的高温部位靠近非 A 级材料，或导线穿越 $B_2$ 级以下装修材料时，应采用 A 级材料隔热。

⑤不应用铜线、铝线代替熔丝。

### （3）动火作业防火措施

1）动火作业必须办理动火作业许可证，操作人员应具有相应资格，动火作业签发人在收到申请后亲自到现场检查相应防火措施落实后，再签发动火作业许可证。

2）气割气焊作业时，乙炔瓶和氧气瓶应直立放置且间隔不小于 5 米，与作业面距离要大于 10 米，防爆措施要落实。

3）若动火作业的对象是生产、使用或者储存氧气的设备，则作业时氧含量不得超过 23. 5%。

4）焊接、切割、烘烤或加热等动火作业前，应对作业现场的可燃物进行清理。作业现场及其附近无法移走的可燃物应采用不燃材料对其覆盖或隔离。

5）宜将动火作业安排在使用可燃建筑材料的施工作业前进行，确需在使用可燃建筑材料的施工作业之后进行动火作业时，应采取可靠的防火措施。

6）动火作业的沿线 25 米内如遇到装有危险化学品的机电

车辆停留时，要暂停动火作业。

7）焊接、切割、烘烤或加热等动火作业应配备灭火器材，并应设置动火监护人进行现场监护，每个动火作业点均应设置1名监护人。

8）五级（含五级）以上风力时，应停止室外动火作业。因生产确需动火作业时，应采取可靠的挡风措施，对动火作业要升级管理。

9）动火作业执行完毕后，动火人和监护人以及参与动火作业的所有人员应对现场进行安全检查，并应在确认无火灾危险后再离开。

10）具有火灾爆炸危险的场所严禁明火，不可采用明火取暖。

11）在动火作业中，距动火作业30米内不能排放可燃气体，15米内不能排放可燃液体，10米内不可进行可燃溶剂清洗和喷漆作业。

12）动火作业需要拆除管线时，首先要查明管道内部的介质和流动方向，根据实际情况选取防火措施。

### （4）焊割作业防火措施

建筑施工焊割作业必须坚持“十不烧”原则：

1）无安全操作证的操作人员，不可进行焊割。

2）未经办理动火审批手续的属一、二、三级动火范围的焊割作业，不可进行焊割。

3）焊工对焊割现场周围情况不了解，不可进行焊割。

4）焊工对焊件内部是否安全不能确定时，不可进行焊割。

5）各种装过可燃气体、易燃液体和有毒物质的容器未经彻底清洗、排除其危险性之前，不可进行焊割。

6）在未采取切实可靠的安全措施之前，不可对用可燃材料作保温层、冷却层、隔音层、隔热层的设备，或火星能飞溅到的地方进行焊割。

7）有压力或密闭的管道、容器，不可进行焊割。

8）未清理焊割部位附近的易燃易爆物品或未采取有效的安全措施前，不可进行焊割。

9）有与明火作业相抵触的工种在附近作业时，不可进行焊割。

10）在没有弄清有无险情，或明知存在危险而未采取有效的措施之前，与外单位相连的部位不可进行焊割。

## 31. 危险化学品仓库火灾预防

### （1）危险化学品仓库防火措施

1）危险化学品仓库应根据其储存的危险化学品特性、仓库条件和经营规模的大小配备足够的消防设施和器材，应有消防水池、消防管网和消防栓等消防设施，并配备兼职或专职消防人员，大型危险化学品仓库应设专职消防队，并配有消防车。消防器材应当设置在明显和便于取用的地点，周围禁止堆放物品和杂物。

2）储存危险化学品建筑物内应根据仓库条件安装自动监测和火灾报警系统。

3）若条件允许，储存危险化学品建筑物内应安装灭火喷淋系统，储存有遇水燃烧危险化学品的建筑物除外。

4）危险化学品储存企业应设有安全保卫组织，应制定消防预案并经常进行消防演练。危险化学品仓库应有专职或志愿消防、警卫队伍。

### （2）危险化学品仓库火源管理

1）仓库内应当设置醒目的禁火标志，进入甲、乙类物品库区的人员必须登记，并交出携带的火柴、打火机等。

2）仓库内严禁使用明火，动用明火作业时，必须办理动火作业许可证，经防火负责人批准，并采取严格的安全措施。

3）动火作业许可证应当注明动火地点、时间、动火人、现场监护人、批准人和防火措施等内容。在仓库内使用火炉取暖，应当经防火负责人批准。

4）防火负责人在审批火炉的使用地点时，必须根据储存物品的分类，按照有关防火安全规定审批，制定防火安全管理制度，并落实到实际。仓库以及周围50米内，严禁燃放烟花爆竹。

### （3）易燃易爆罐（库）区防火措施

1）罐（库）区禁止堆放可燃物，对枯草干叶及时清扫，对不铺砌的罐（库）区地坪，要定期拔除过高的植物。

2）每周巡察一次防火堤。

3）罐（库）地坪应保持小于1%的坡度，坡朝向排水闸或水封井。

4）罐（库）区周围应设环行消防道路。

5）原料油、燃料油、硫化切削液等油品中含有硫化物，这些硫化物容易发生自燃，其储存罐（库）应每年清洗一次。

6）规范操作，防止超温、超压、超速等违章现象的出现。

7）对于坑道内的油罐，罐顶必须设透气管，透气管末端应设置阻火器。

### (4) 加油站、加气站、石油库防火措施

1）禁止烟火。

2）禁止使用手机接听、拨打电话。在电话接通的那一刻信号强度会瞬间增强，可能会与加油站、加气站、石油库的电子设备间产生摩擦引燃油气，同时突然增强的信号变化也会干扰加油站、加气站、石油库的电子设备工作。

3）禁止车辆在加油或加气时不熄火。

4）禁止超过规定速度进出站。各种车辆进加油站、加气站、石油库时必须减速缓慢驶入，补充燃料后也要慢速驶出，时速不能超过 5 公里。

5）化纤面料容易起静电，不要在加油站、加气站、石油库拍打化纤面料的衣物。

6）禁止在加油站、加气站、石油库检修车辆。

## 32. 烟花爆竹生产、储存和运输火灾预防

### （1）烟花爆竹制造阶段的注意事项

1）准备原料阶段

火药的原材料必须符合有关烟火药原料质量标准，并具有产品合格证，进厂后经过化验和工艺鉴定后方可使用，出厂期超过1年的原材料，必须重新检验合格后方可使用。在备料和使用过程中不得混入会增加药物感度的物质。

2）粉碎、筛选过程

粉碎应在单独工房内进行，粉碎前后应筛选掉机械杂质，筛选时不得使用铁质等易产生火花的工具。粉碎易燃易爆物料时，必须在有安全防护墙隔离保护的条件下进行。黑火药所用原材料一般可采用单料粉碎，但应尽量把木炭和硫黄两种原料混合粉碎，烟火药所用的原材料只能分机单独进行粉碎，感度高的物料应专机粉碎。

3）机械粉碎物料过程

①粉碎前对设备进行全面检查，并认真清扫粉尘。

②必须远距离操作，人员未离开机房的，严禁开机。

③进出料时，必须停机断电。

④添料和出料前应停机10分钟，散热后再进行操作。

⑤注意通风散热，防止粉尘浓度超标。

4）用湿法粉碎时，严禁物料泡沫外溢。粉碎的物料包装完毕后，应立即贴上品名和标签。

### (2) 烟花爆竹生产加工车间消防要求

1）烟花爆竹生产项目和经营批发仓库必须设置消防给水设施。消防给水可采用消火栓、手抬机动消防泵等不同形式的给水系统。

2）消防给水的水源必须充足可靠。当利用天然水源时，在枯水期应有可靠的取水设施；当水源来自市政给水管网而厂区内无消防蓄水设施时，消防给水管网应设计成环状，并有两条输水干管接自市政给水管网；当采用自备水源井时，应设置消防蓄水设施。

3）当厂区内设置蓄水池或有天然河、湖、池塘可利用时，应设有固定式消防泵或手抬机动消防泵。消防泵宜设有备用泵。

4）危险品生产厂房和中转库的室外消防用水量，应按现行国家标准中甲类建筑物的规定执行。当单个建筑物的体积均不超过 300 立方米时，室外消防用水量可按 10 升/秒计算，消防延续时间可按 2 小时计算。

5）依据烟花爆竹工程设计安全相关标准，1. 3 级建筑物为建筑物内的危险品在制造、储存、运输中具有燃烧危险，偶尔有较小爆炸或较小迸射危险，或两者兼有但无整体爆炸危险，其破坏效应局限于本建筑物内，对周围建筑物影响较小。1. 3 级厂房宜设室内消火栓系统，室内消火栓系统的设置应符合现行国家标准中对甲类建筑物的规定。

6）易发生燃烧事故的工作间宜设置雨淋灭火系统，并应符合下列规定：

①存药量大于 1 千克且为单人作业的工作间内，宜在工作

台上方设置手动控制的雨淋灭火系统或翻斗水箱等相应灭火设施。翻斗水箱容积应根据工作台面积，按16升/平方米计算确定。

②作业人员少于6人，建筑面积大于9平方米且小于60平方米的工作间内，宜设置手动控制的雨淋灭火系统，消防延续时间按30分钟计算。

③雨淋灭火系统的喷水强度不宜低于16升/（分钟·平方米），最不利点的喷头压力不宜低于0.05兆帕。

7）对产品或原料与水接触能引起燃烧、爆炸或助长火势蔓延的厂房，不应设置以水为灭火剂的消防设施，应根据产品和原料的特性选择灭火剂和消防设施。

8）危险品总仓库区根据当地消防供水条件，可设消防蓄水池、高位水池、室外消火栓或利用天然河、湖、池塘。室外消防用水量应按现行国家标准中甲类仓库的规定执行，消防延续时间按3小时计算。供消防车或手抬机动消防泵取水的消防蓄水池的保护半径不应大于150米。

9）消防储备水应有平时不被动用的措施，使用后的补给恢复时间不宜超过48小时。

10）烟花爆竹生产项目和经营批发仓库宜按现行国家标准的有关规定配置灭火器。

## （3）烟花爆竹的安全储存要求

1）按要求设专职保管员，建立严格的保管、领发和出入库登记制度。

2）库区内严禁无关人员进入，严禁吸烟和用火，进入库区的机动车必须加装火花熄灭装置。

3）库区内装设的照明、报警等电气设备，必须符合防爆、防火规定。

4）库区严禁设立办公室、宿舍和存放其他易燃易爆物品。

5）库内储存量不得超过设计容量。性质不同的烟花爆竹不得同库存放。

6）库内堆垛之间、堆垛与墙壁之间、垛底与地面之间距离及堆垛的高度、宽度设计等必须符合国家相关标准。

7）对于烟花爆竹储存仓库的设计、建设和使用，相关法规、规范有明确的要求：仓库区域规划和外部距离，库房平面布置和内部距离，库房建筑与结构、安全设施等必须符合相关标准的要求。

### （4）烟花爆竹的安全运输要求

经由道路运输烟花爆竹的，应当经公安部门许可，经由铁路、水路、航空运输烟花爆竹的，依照铁路、水路、航空运输安全管理的有关法律法规、规章的规定执行。经由道路运输烟花爆竹的，托运人应当向运达地县级人民政府公安部门提出申请，并提供相关材料：

1）承运人从事危险货物运输的资质证明。

2）驾驶员、押运员从事危险货物运输的资格证明。

3）危险货物运输车辆的道路运输证明。

4）托运人从事烟花爆竹生产、经营的资质证明。

5）烟花爆竹的购销合同及运输烟花爆竹的种类、规格、数量。

6）烟花爆竹的产品质量和包装合格证明。

7）运输车辆牌号、运输时间、起始地点、行驶路线、经停地点。

受理申请的公安部门应当自受理申请之日起3日内对提交的有关材料进行审查，对符合条件的，核发烟花爆竹道路运输许可证；对不符合条件的，应当说明理由。烟花爆竹道路运输许可证应当载明托运人、承运人、一次性运输有效期限、起始地点、行驶路线、经停地点、烟花爆竹的种类、规格和数量。经由道路运输烟花爆竹的，除应当遵守《道路交通安全法》外，还应当遵守下列规定：

1）随车携带烟花爆竹道路运输许可证。

2）不得违反运输许可事项。

3）运输车辆悬挂或者安装符合国家标准的易燃易爆危险物品警示标志。

4）烟花爆竹的装载符合国家有关标准和规范。

5）装载烟花爆竹的车厢不得载人。

6）运输车辆限速行驶，途中经停必须有专人看守。

7）出现危险情况立即采取必要的措施，并报告当地公安部门。

烟花爆竹运达目的地后，收货人应当在3日内将烟花爆竹道路运输许可证交回发证机关核销。

# 33. 不同生产工艺火灾爆炸事故预防

## (1) 危险化学品干燥和加热过程爆炸预防措施

1）干燥过程有常压和减压两种方式。用来干燥的介质有空气、烟道气等，此外还有升华干燥（冷冻干燥）、高频干燥和红外干燥。在干燥过程中要注意：

①严格控制温度，防止局部过热，以免造成物料分解爆炸。

②在干燥过程中散发出来的易燃易爆气体或粉尘，不应与明火和高温表面接触，防止燃爆。

③在气流干燥过程中应有防静电措施，在滚筒干燥过程中应适当调整刮刀与筒壁的间隙，以防止产生火花。

2）危险化学品生产中常用的加热方式有直接火加热（包括烟道气加热）、蒸汽或热水加热、有机载体（或无机载体）加热以及电加热等。其注意事项有：

①用高压蒸汽加热时，对设备耐压要求高，需严防泄漏或与物料混合，避免造成事故。

②用热载体加热时，要防止热载体循环系统堵塞，热油喷出，酿成事故。

③使用电加热时，电气设备要符合防爆要求。

④直接用火加热危险性最大，由于温度不易控制，会造成局部过热烧坏设备，引起易燃物质的分解爆炸。当加热温度接近或超过自燃点时，需要采用稀有气体保护。

## (2) 煤矿井下瓦斯爆炸预防措施

1）防止瓦斯积聚

①加强通风。瓦斯矿的通风除满足风流连续稳定、分区通风、通风系统简单可靠等条件外，还要能保证足够的风量和风速把瓦斯吹散、冲淡、稀释到不能爆炸和无害的浓度，要避免循环风，放炮时不能中断通风。

②及时处理局部积存的瓦斯。生产中容易积存瓦斯的地点包括回采工作面上隅角、独头掘进工作面的巷道隅角、巷道的空顶、高冒区等。可采用回风尾巷排放法、上隅角插管埋管抽放等方法处理。

③合理安排抽放瓦斯。严格执行局部通风机开停制度。

④经常检查瓦斯浓度和通风状况。要严格按照《煤矿安全规程》要求，建立健全瓦斯监测制度，安装好瓦斯检测设备，每日认真分析瓦斯情况，及时处理瓦斯超限。

2）防止瓦斯引燃

①严格遵守《煤矿安全规程》规定，严禁携带引火物下井；井下禁止使用电炉、任意打开矿灯；井口房、抽放瓦斯泵房以及通风机房周围 20 米内禁止使用烟火和用火炉取暖；严格控制井下电焊；瓦斯检定灯的各个部件都必须符合规定等。

②采用防爆的电气设备，目前广泛采用的是隔爆外壳，即将电机、电器或变压器等能发生火花、电弧或炽热表面的部件或整体装在隔爆和耐爆的外壳里，即使壳内发生瓦斯的燃烧或爆炸，也不会导致壳外瓦斯燃烧或爆炸事故。对煤矿的弱电设施，根据安全火花的原理，采用低电流、低电压限制火花的能量，使之不能点燃瓦斯。

③注意防止电气火花，完善井下电气设备的“三大保护”（即过流保护、漏电保护、接地保护），检修设备时不可带电工作，及时消灭失爆现象。

④遵守爆破作业规章制度，使用符合规定的炸药和雷管，认真执行“一炮三检”制度；在有瓦斯或煤尘爆炸危险的煤层中，采掘工作面只准使用煤矿安全炸药和瞬发雷管，如使用毫秒延期电雷管，最后一段的延期时间不得超过 130 毫秒。

⑤防止机械摩擦火花，如截齿与坚硬夹石（如黄铁矿）摩擦，金属支架与顶板岩石（如砂岩）摩擦，金属部件本身的摩擦或冲击等。常采取的措施有：禁止使用磨钝的截齿；截槽内喷雾洒水；禁止使用铝或铝合金制作的部件和仪器设备；在金属表面涂以各种涂料，如苯乙烯的醇酸或丙烯酸甲醛脂等。

### （3）粉尘爆炸预防措施

1）防止形成粉尘

做好通风除尘工作，应安装相对独立的有接地装置的通风除尘系统。除尘器采用防爆除尘器，并配备相应的防爆风机，通风管道上应设置泄爆片，若布置在室外，离明火产生处应不少于 6 米，并有防御措施，回收的粉尘应储存在独立干燥的场所。

2）防止粉尘累积

要保持生产场所清洁，每天对生产场所进行清理，清理车间积尘采用不产生火花、静电、扬尘等方法，及时清理除尘系统收集的粉尘，使生产场所积累的粉尘量降至最低。

3）严格控制点火源

生产场所严禁各类明火，需在生产场所进行动火作业时，必须停止生产作业，并采取相应的防护措施。

4）生产场所采取防爆防静电措施

防止产生电火花，生产场所电气线路应当采用镀锌钢管套管保护，在车间外安装空气开关和漏电保护器，设备、电源开关及相关的电气元件应采用防爆防静电原材料。

5）生产场所采取防潮措施

为了防止粉尘遇水自燃，对产生铝、镁等活泼金属粉尘的场所，必须配备粉尘生产、收集、储存的防水防潮设施。

6）在生产场所设置多类型的传感器

常见的监测环境参数的传感器有温度传感器、干湿度传感器、粉尘浓度传感器等。

### （4）锅炉爆炸预防措施

1）正确点火

点火前，必须仔细吹扫炉膛和烟道，排除炉内可能积存的可燃气体，并按点火程序进行操作。

2）防止超压

①保持锅炉负荷稳定，防止骤然降低负荷，导致气压上升。

②保持安全阀灵敏可靠，防止安全阀失灵。应每隔一定时间人工排汽一次，并且定期做自动排汽试验。如发现安全阀反应迟缓，则必须及时修复。

③定期校验压力表，确保其指示准确。如发现压力表不准确或动作不正常，必须及时调换。

3）防止过热

①防止缺水。控制水位在正常水位，经常冲洗水位计，定期维护、检查水位警报装置和超温警报装置。

②防止积垢。正确使用水处理设备，保持锅炉水质量符合标准。认真进行排污，及时清除水垢、水渣。

4）防止腐蚀

采取有效的水处理和除氧措施，保证给水和炉水质量合格。加强炉内停炉保养工作，及时清除烟灰，涂防锈油漆，保持炉内干燥。

5）防止裂纹和起槽

保持燃烧稳定，防止锅炉骤冷骤热。加强对封头、板边等集中部位的检查，一旦发现裂纹和起槽必须及时修理。

## 34. 居家生活火灾预防

### （1）家庭防火注意事项

1）教育孩子不玩火，不随意摆弄电气设备。

2）用电设备长期不使用时，应切断开关或拔下插销。

3）液化气钢瓶与炉具间要保持 1 米以上安全距离。使用时，先开气阀再点火；使用完毕，先关气阀再关炉具开关。不要随意倾倒液化石油气残液。发现燃气泄漏，要迅速关闭气源阀门，打开门窗通风，不要在燃气泄漏场所拨打电话、手机。

4）不要在楼梯间、公共走道内动火或存放物品，不要在棚屋内动火、存放易燃易爆物品和维修机动车辆。

5）发现火情后迅速拨打火警电话，讲明详细地址、起火部位、起火物品、火势大小，留下姓名及电话号码，并派人到路口迎候消防车。

6）家中一旦起火，必须保持冷静。对初期火灾，应迅速清理起火点附近可燃物，并迅速利用被褥、水及其他简易灭火器材进行控制和扑救。救火时不要贸然打开门窗，以免空气对流，加速火势蔓延。

7）要掌握火场逃生的基本方法，清楚住宅周围环境，熟悉逃生路线。大火来临时要迅速逃生，不可贪恋财物。逃生途中不要携带重物，逃离后不要冒险返回火场。

8）火场逃生时，要保持冷静，正确估计火势。如火势不大，应当机立断，披上浸湿的衣物、被褥等从安全出口逃离。逃生时不可乘坐电梯，应随手关闭身后房门，防止烟气尾随进入。

9）楼下起火，楼上居民切忌开门观看或急于下楼逃生，要紧闭房门，用浸湿的床单、窗帘等堵塞门缝或粘上胶带。如果房门发烫，要泼水降温。

10）若逃生路线均被大火封锁，可向阳台或向架设云梯车的窗口移动，并通过挥舞打开的手电筒或衣物、呼叫等方式发送求救信号，等待救援。

### （2）火灾报警的小技巧

遇到火灾怎么办？人们都知道该立即拨打 119 报警。但是，报火警也是一门学问。如果报警方法得当，就能达到事半功倍的效果。以普通居民家庭报警为例，使用固定电话报警，略优于手机报警方式。

1）固定电话报警能“抢出半分钟”

用固定电话拨打 119 报警，消防指挥中心的计算机屏幕就会显示出报警人地址、楼牌号、电话用户姓名等详细信息，属地消防队也能够同时接到这起报警的信息，确定火场位置后，他们就能立即出警。然而，如果报警人用移动电话拨打 119，火场属地消防队无法直接接到报警人地址信息，119 指挥中心也只能查出报警电话，无法查出报警人所在地。指挥中心问清火场地点后，才能调派属地消防队。两种不同的报警方式，平均会造成约 30 秒的时间差。

在人们眼中，几秒或几十秒似乎微不足道，但在消防队队员眼中，哪怕是短短的 1 秒，都非常珍贵。一名消防队指挥员说，也许就因为晚了几秒，被困在火场中的居民就会被火烧伤，或因吸入大量烟雾而昏迷，甚至窒息死亡；火场之中的燃气罐，可能仅仅因为多受热几秒钟就发生爆炸；火场面积可能扩大，贵重财物可能被引燃，甚至屋顶、墙体都可能发生坍塌。

2）不同火灾需要采取不同的报警方式

第一，遇到家庭火灾，在暂不危及自身安全时，建议使用固定电话拨打 119。第二，家中发生燃气泄漏险情时，不要在房间内使用固定电话，因为一旦房间燃气浓度高，打电话时产生的火花会引起火灾甚至爆炸。因此，建议居民携带移动电话跑出房间报警，或者求助邻居。第三，路途中遇到火灾等险情时，如果眼前有固定电话，最好用固定电话报警，否则就应尽快使用移动电话报警，应简明扼要地向 119 说清事发地点等详细信息。

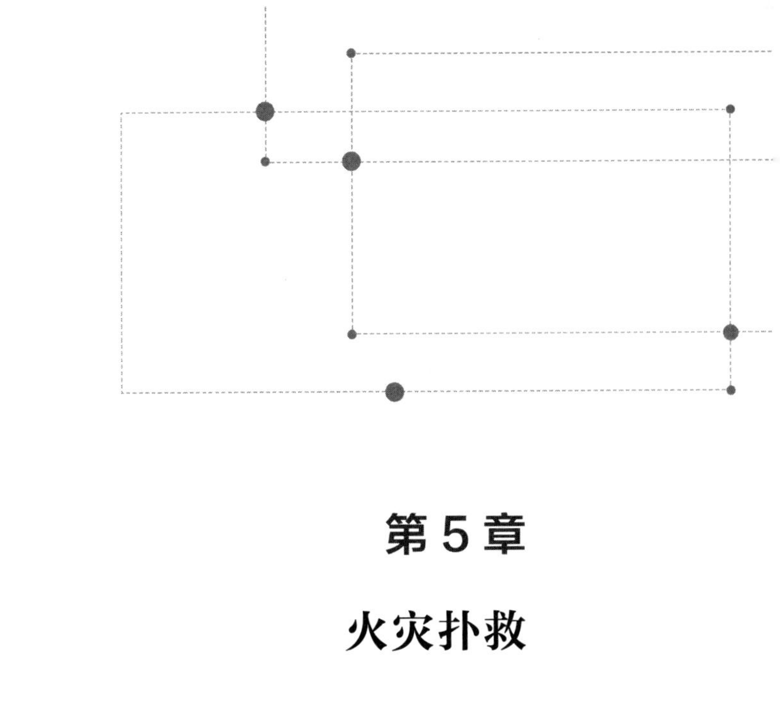

# 第 5 章

## 火灾扑救

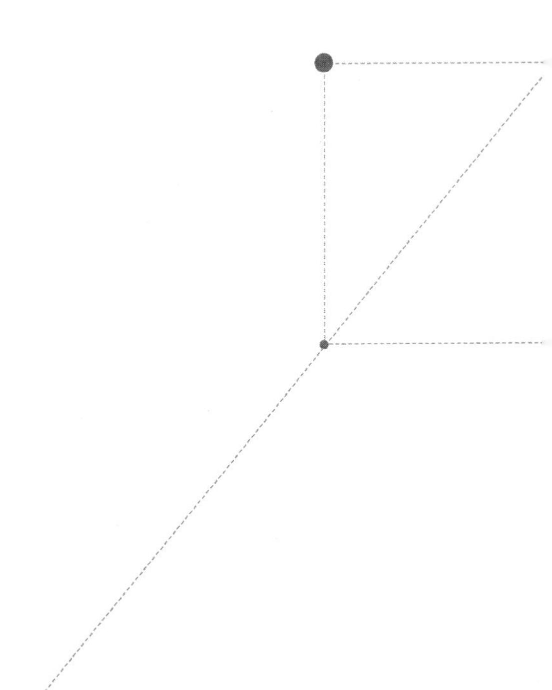

## 35. 灭火原则

### (1) 第一时间报警

发现火情时要立马拨打119报警，要说清火灾发生的详细地址、起火的部位和物质、火势的大小、是否有被困人员等，并派专人在路口为消防车引路。

### (2) 报警同时扑救

在报警时需要积极采取相应措施防止火势扩大，火灾初期是扑救的黄金时间，而消防队到达现场往往需要一定的时间。所以一般消防队到达之前的时间是火灾扑救的最好时机，有时只需要较少的灭火器材就可以扑灭。

### (3) 先控制再消灭

对于不能立即扑灭的火灾，首先要控制火势的蔓延，具备扑灭的条件时再全面进攻。比如在扑救可燃液体的火灾时，液体从管道或容器中喷涌出来将会使得燃烧迅速发展，给火灾扑救造成更大的困难，所以就需要先切断可燃物的来源，防止危害的进一步扩大，然后再进行灭火工作。

### (4) 先救人后救物

要始终把人的生命安全放在第一位，发生火灾时各级机关、团体、消防队伍的首要任务就是将受到火灾威胁的人员设法救出来，因为人是社会最宝贵的财富。

### （5）防中毒和窒息

发生火灾时会伴随着大量火灾烟雾以及有毒有害的气体，若不注意防护，会造成被困人员和救援人员中毒和窒息。

### （6）听从指挥不慌张

听从指挥人员指挥，有组织有纪律地实施扑救工作，如果随意用身边物质作为灭火器具使用，很可能会造成火势扩大，给扑救造成很大的障碍。

### （7）快速准确救火

火灾发生初期，越早出击越能靠近着火点，越能够及早地控制住火势的蔓延，越有利于扑灭火灾，减少损失。各类灭火力量应争分夺秒，迅速靠近着火点，并果断地采取扑救措施。

## 36. 常用灭火设备及其使用

### （1）常用灭火器的种类

按充装灭火剂的种类不同，可分为水基型、空气泡沫型、干粉型、卤代烷型、二氧化碳型、7150 型等灭火器。

1）水基型灭火器

这类灭火器中充装的灭火剂主要是水，另外还有少量的添加剂，清水灭火器、强化液灭火器都属于水基型灭火器，主要适用扑救可燃固体类物质（如木材、纸张、棉麻织物等）的初期火灾。

2）空气泡沫型灭火器

这类灭火器中充装的灭火剂是空气泡沫液，根据空气泡沫液种类的不同，空气泡沫型灭火器又可分蛋白泡沫灭火器、氟蛋白泡沫灭火器、水成膜泡沫灭火器和抗溶泡沫灭火器等。空气泡沫型灭火器主要适用扑救可燃液体类物质（如汽油、煤油、柴油、植物油、油脂等）的初期火灾，也可用于扑救可燃固体类物质（如木材、棉花、纸张等）的初期火灾。对于极性（水溶性）可燃液体（如甲醇、乙醚、乙醇、丙酮等）的初期火灾，只能用抗溶性空气泡沫型灭火器扑救。

3）干粉型灭火器

这类灭火器内充装的灭火剂是干粉，根据所充装的干粉种类的不同可分为碳酸氢钠干粉灭火器、钾盐干粉灭火器、氨基干粉灭火器和磷酸铵盐干粉灭火器。我国主要生产和使用碳酸氢钠干粉灭火器和磷酸铵盐干粉灭火器。碳酸氢钠干粉灭火器适用于扑救可燃液体和气体类物质和电气设备的初期火灾，其灭火器又称 BC 干粉灭火器。磷酸铵盐干粉适用于扑救可燃固体、液体和气体类火灾，其灭火器又称 ABC 干粉灭火器。

4）卤代烷型灭火器

这类灭火器充装的是卤代烷灭火剂，品种较多，我国只发展了两种，即二氟一氯—溴甲烷灭火器和三氟—溴甲烷灭火器，简称 1211 灭火器和 1301 灭火器。目前，卤代烷型灭火器已经列入国家淘汰灭火器目录，故这里不做详细介绍。

5）二氧化碳型灭火器

这类灭火器中充装的灭火剂是加压液化的二氧化碳，主要适用扑救可燃液体类物质和带电设备的初期火灾，如图书、档案、精密仪器、电气设备等的火灾。

6）7150 型灭火器

这类灭火器内充装的是 7150 灭火剂（即三甲基硼酸酯），主要适用于扑救轻金属（如镁、铝、镁铝合金、海绵状钛以及锌等）的初期火灾。

### （2）灭火器的选择

1）对 A 类火灾，一般采取水冷却灭火，但对于忌水物质（如布、纸等）应尽量减少水渍所造成的损失，对珍贵图书、档案资料应使用二氧化碳、干粉型灭火器。

2）对 B 类火灾，应及时使用泡沫型灭火器进行扑救，还可使用干粉、二氧化碳型灭火器。

3）对 C 类火灾因气体燃烧速度快，极易造成爆炸，一旦发现可燃气体着火，应立即关闭阀门，切断可燃气体来源，同时使用干粉型灭火器将气体燃烧火焰扑灭。

4）对 D 类火灾，燃烧时温度很高，水及其他普通灭火剂在高温下会因发生分解而失去作用，应使用专用灭火器。适用金属火灾的灭火剂有两种类型：一是液体型灭火剂；二是粉末型灭火剂。例如用 7150 型灭火器扑救镁、铝、镁铝合金、海绵状钛等轻金属火灾，用原位膨胀石墨灭火器扑救钠、钾等碱金属火灾，少量金属燃烧时可用干沙、干的食盐、石粉等扑救。

### （3）干粉型灭火器

1）干粉型灭火器的正确使用

①储压式干粉灭火器。储压式干粉灭火器将干粉与动力

(压缩) 气体装于一体，其结构主要由筒体、筒盖、出粉管及喷射管组成。使用时，先将灭火器上下颠倒并摇晃几次，使内部干粉松动并与压缩气体充分混合。然后摆正灭火器，拔出手压柄和固定柄（提把）间的保险销后，右手握住灭火器喷射管，左手用力压下并握紧两个手柄，使灭火器开启，再根据火灾情况，上下左右摆动，将干粉射流喷于火焰根部即可灭火。

②外储气瓶式干粉灭火器。该灭火器主要由二氧化碳钢瓶、筒身、出粉管及喷嘴组成。使用时用力向上提起储气钢瓶上部的开启提环，随后右手迅速握住喷管，左手提起灭火器，通过移动瓶体和摆动喷管，将干粉射流喷于火焰根部即可灭火。

③内储气瓶式干粉灭火器。使用时，拔下保险销，右手迅速握住喷管，左手将手压柄压下并提起灭火器，灭火器则会立即开启。待干粉射流喷出后，右手掌握喷管，将干粉射流对准火焰根部喷射即可灭火。

使用干粉型灭火器时注意由上风向向下风向喷射，以免风力影响灭火效果，造成灭火剂的浪费。还要注意，开启操作时，不要距离燃烧物太远，并在喷射时要变换位置或摆动喷射管，从不同的角度对火灾进行扑救，以提高灭火效率。

2）注意事项

①干粉的粉雾对人的呼吸道有刺激作用，甚至有很强的窒息作用，喷射干粉时，被干粉雾罩的区域内，特别是在有限空间内，不得有人、畜停留。

②干粉有腐蚀性，残存在物件上的干粉应及时清除。

③扑救油类火灾时，干粉型灭火器的抗复燃性较差。因

此，扑灭油类火后，应避免周围存在火种。

④碳酸氢钠干粉灭火器（BC 干粉灭火器）不能扑救固体有机物质的火灾。

## （4）水基型灭火器

1）水基型灭火器的正确使用

①使用手提式水基型灭火器时，可将灭火器携带至火场，如在室外使用，应选择在火焰的上风方向，在与燃烧物保持安全距离的情况下，拔出灭火器保险销，一手握住喷射软管，手抓紧压把，开启灭火器喷射灭火剂。使用中需要不断地抓紧或放松压把，可间歇地喷射灭火剂。

②使用推车式水基型灭火器时，可将灭火器推（或拉）至火场，在与燃烧物保持安全距离的情况下，展开喷射软管，然后一手握住喷射枪，一手拔出保险销，开启器头阀，再双手握紧喷射枪，展开喷射软管，开启喷射枪阀喷射灭火剂。使用中需要不断地开启或关闭喷射枪阀，间歇地喷射灭火剂。灭火时，将灭火剂对准燃烧物由近而远喷射，并左右扫射，再推动灭火器快速向前推进，使灭火剂完全覆盖在燃烧物上。

③当使用适用于可燃液体火灾的水基型灭火器来扑救容器内的液体火灾时，应将灭火剂对准容器壁喷射，使灭火剂自流覆盖在燃烧液体的表面，对火焰进行封闭。应避免直接对准液面喷射，防止喷流的冲击使可燃液体溅出而扩大火势，造成灭火困难。

2）注意事项

①应尽量避免蛋白泡沫对燃料表面的冲击作用，减少蛋白泡沫潜入燃料中，影响灭火效果。

②对于极性液体燃料（如甲醇、乙醚、丙酮等）火灾，只能使用抗溶性水基型灭火器。

③水基型灭火器一般不适用于涉及带电设备的火灾，除非装配特殊喷雾喷嘴的，经导电绝缘性能试验证实后，才可以应用于涉及带电设备的火灾。

### (5) 二氧化碳型灭火器

1）二氧化碳型灭火器的正确使用

①使用手提式二氧化碳型灭火器时，可将灭火器携带至火场，在与燃烧物保持安全距离的情况下，拔出灭火器保险销，一手握住喇叭喷筒上部的防静电手柄，一手抓紧压把，开启灭火器。

②对没有喷射软管的二氧化碳型灭火器，应将与喇叭喷筒相连的金属连接管向上扳动，使喇叭喷筒呈水平状。使用时，不能直接用手抓住喇叭喷筒外壁或金属连接管，防止手被冻伤，可不断地抓紧或放松压把，间歇地喷射灭火剂。

③应设法使二氧化碳集中在燃烧区域以达到灭火浓度。在室外使用时，应选择在上风方向喷射，使灭火剂完全地覆盖在燃烧物上，直至将火焰全部扑灭。

④当扑救在容器内燃烧的可燃液体时，应使喷射出的二氧化碳灭火剂笼罩在整个容器的开口表面，但应避免直接冲击液面，防止可燃液体溅出而扩大火势，造成灭火困难。

⑤使用推车式二氧化碳型灭火器，一般宜两人操作，使用时由两人一起将灭火器推（或拉）至火场，在与燃烧物保持安全距离的情况下，一人快速取下喇叭喷筒并展开喷射软管后，握住喇叭喷筒上部的防静电手柄，另一人快速拔出保险

销，按顺时针方向旋开器头手轮阀，并开到最大位置，具体灭火方法与手提式相同。

2）注意事项

①不宜在室外有大风或室内有强劲空气流处使用，否则二氧化碳会快速地被吹散而影响灭火效果。

②在狭小的密闭空间使用后，使用者应迅速撤离，否则易导致窒息事故。

③使用时应注意，不能用手直接握住喇叭喷筒，以防被冻伤。

④二氧化碳灭火剂喷射时会产生干冰，使用时应考虑其冷凝效应。

⑤二氧化碳型灭火器的抗复燃性差，火势扑灭后，应避免周围存在火种。

⑥不适宜扑救固体有机物质的火灾。

## 37. 管道系统火灾扑救

### （1）可燃气体管道火灾扑救

1）不要匆忙灭火，重点应该是防止火灾蔓延和预防二次灾害。

2）只有在进气门关闭或堵塞措施落实后才能灭火。如果阀门直接受到火灾的威胁，则不能关闭，而应先冷却阀门，待阀门完好时再灭火。

3）选择在火焰由高变低、声音由大变小，即在压力降低的有利条件下实施灭火。灭火后迅速关闭阀门，并使用蒸汽或喷水雾稀释和驱散余气。

4）气体火灾，可选择水、干粉、蒸汽等灭火剂。灭火后对容器、管道要继续射水，以便驱散周围可燃余气。如果扑救有毒的可燃气体火灾，消防员必须佩戴防毒面具。

### （2）可燃液体管道火灾扑救

1）关闭输液泵、阀门，切断向着火管道输送的物料。

2）采取挖坑筑堤的方法，限制着火液体流窜，防止火灾蔓延。

3）单根输液管线发生火灾，可以用直流水枪、泡沫、干粉等灭火，也可用沙土等掩埋扑灭。

4）多根管线时，如其中一根破裂，漏出可燃液体并形成火灾时，要加强着火管道及其邻近管道的冷却。

5）针对空间管道流淌火灾，因其易形成立体或大面积燃烧，可从管道的一端注入水蒸气吹扫，或注入泡沫、水进行灭火。

6）若油管裂口处形成火炬式稳定燃烧，应用交叉水流，先在火焰下方喷射，然后逐渐上移，将火焰割断扑灭。若输油管线附近有灭火蒸汽连接管，也可采用蒸汽灭火。

### （3）物料输送、通风、空调、除尘管道火灾扑救

1）火苗吸入物料输送风道时，应立即停止操作设备，关闭输送风机和风道阀门，将火焰控制在风道的局部范围，制止其蔓延。打开输送风道的旁通漏斗，设法将着火物料引出，就地彻底扑灭。着火物料难以取出的，应根据发烟浓度、管壁温

度，判明大致燃烧范围，破拆风道，强行清理，或用水枪深入风道灌注灭火。

2）火苗窜入除尘管道时，应立即停止局部区域的吸尘风机，关闭局部除尘管道的阀门，尽量将火苗控制在局部区域内。查明火点位置，将着火物料粉尘通过旁通管引出清除，并就地扑灭。设有火星自动探除器的，要启动火星自动探除器，及时导出火星，并消灭余火。难以清除着火物料时，要破拆除尘管道，清除着火物料，防止火苗窜入邻近吸尘管道和除尘室，导致燃烧范围扩大。

3）火苗窜入空调管道时，应及时关闭局部空调设备和防火阀门，控制燃烧范围。先破拆空调管道的保温层，通过烟雾浓度、管道温度、管道颜色变化，确定火点位置，在火点两端，分别用金属切割设备拆开空调管道，再用水枪消灭管道内火焰，同时冷却降低空调管道温度。火点被扑灭后，要清理出燃烧过的棉絮等物品。燃烧范围大、火点多时，要多点同时破拆，逐点消灭，不留死角。

### （4）下水道、管沟火灾扑救

1）用湿棉被、沙土、堵塞气垫、水枪等卡住下水道、管沟两头，防止火势向外蔓延。若是暗沟，可分段堵截，然后向暗沟喷射高倍数泡沫或采取封闭窒息等方法灭火。

2）火势较大时，应冷却保护邻近的物资和设施，并同时用泡沫或二氧化碳灭火。

3）油料流入江河，则应在水面拦截，把火焰压制到岸边安全地点后用泡沫灭火。

## 38. 生产装置火灾扑救

### （1）扑救要点

1）迅速报警

火灾发生第一时间要报警，包括火灾自动报警系统的报警，还需要拨打 119 或者直接派人到就近消防队报警，总之要想尽一切办法与救援人员取得联系，尽早开始扑救。

2）抢救伤员

成立伤员救援小组，利用消防设备作掩护，对可能有被困人员的地方展开搜救，在现场对伤员进行紧急处置后应立刻送往附近医院进行救治。

3）冷却防爆

冷却是扑救燃烧设备、解除爆炸危险的最有效措施，特别是对于被火焰直接作用的压力设备。目前，许多生产装置内部设置了稳高压消防水系统、固定水炮和消防箱等现场消防设施，这些设施操作简单，生产装置的操作人员均可使用。

4）采用工艺灭火措施

工艺灭火措施主要有关阀断料、开阀导流、火炬放空、搅拌灭火等。工艺灭火措施是不可替代且科学有效地处置生产装置火灾的技术手段。

5）阻止火势蔓延

对于物料泄漏流淌的生产装置火灾现场，应尽早组织人员用沙袋或水泥袋筑堤堵截或导流，或在适当地点挖坑以容纳导流的易燃可燃液体物料，防止燃烧液体向高温高压装置区蔓延，严防形成大面积流淌火或物料流入地沟、下水道引起大范围爆炸。

### （2）注意事项

1）不可盲目灭火

若易燃可燃液体、气体只泄漏未着火，应在做好防护和出水掩护、防止打出火花的情况下，先实施堵漏，后处理已泄漏的物料。易燃可燃液体、气体泄漏燃烧后，在无止漏把握的情况下，只能对着火和邻近的储罐、设备、管道实施冷却保护，切不可盲目灭火，否则会导致爆炸、复燃，造成人员窒息、中毒等伤害事故，引起更大的损失。

2）不可盲目进攻

进入封闭的生产车间，要先在适当位置用直流或开花射流水喷射，破坏轰燃条件后再实施进攻。不要盲目实施灭火，进入灭火一线的人员要有经验，且要选好撤退的路线或隐蔽的位置，无关人员不准进入。

3）充分发挥固定消防设施的作用

在安装有稳高压消防水系统、固定泡沫灭火系统等固定消防设施的场所，一定要发挥好固定水炮、泡沫炮的作用。同时，应从高压消火栓接出移动炮，对固定水炮达不到的地方进行冷却或扑救。

4）防止复燃复爆

生产装置火灾应重视防止复燃复爆发生，对已经扑灭明火的装置必须继续进行冷却，直至达到安全温度。流淌火扑灭后，要注意冷却水对泡沫覆盖层的破坏，要根据情况及时反复喷泡沫覆盖。对于被泡沫覆盖的可燃液体应尽快予以收集，防止复燃。要适时检测，严防溢流出的易燃液体挥发形成爆炸性气体混合物。

5）重视防护

进入着火区域的人员应穿防火隔热服，保持皮肤不外露，防止被灼伤。进入有毒区域的人员，应根据毒物特点确定防护等级，视情况佩戴空（氧）气呼吸器等安全防护设备，防止中毒。在冷却和灭火时要注意后方保护，充分利用好地形地物，防止爆炸造成伤害。生产装置火灾扑救过程中，要自始至终监视火场情况的变化（包括风向、风力变化，火势，有无爆炸、沸喷的征兆等）。当火场出现爆炸、倒塌的征兆时，应采取紧急避险措施。

6）防止造成环境污染

灭火时，应加强对灭火现场形成的流淌水的管理，阻止流淌水未经处理直接流入雨水排水系统，造成环境污染。

## 39. 易燃气体或液化气泄漏火灾扑救

### (1) 扑救要点

1）控制火势蔓延，积极抢救人员

首先扑灭外围的火焰，切断火势蔓延的途径，控制燃烧范围，并积极抢救受伤和被困人员。如果附近有受到火焰辐射热威胁的压力容器，应尽量在水枪的掩护下将附近人员疏散到安全地带。

2）关阀断气，创造有利的灭火条件

如果是输气管道泄漏着火，应设法找到气源阀门。阀门完好时，只要关闭气体的进出阀门，燃烧一般就会自动熄灭。在特殊情况下，若能够判断阀门尚有效，可先扑灭燃烧，再关闭阀门。一旦发现阀门损坏，一时又无法堵漏时，应采取暂时措施保持火焰稳定燃烧。

3）冷却降温，防止物理爆炸

开启固定水喷淋系统，用水冷却正在燃烧的和与其相邻的储罐，对于火焰直接灼烧的罐壁表面和邻近罐壁的受热面，要加大冷却强度。必须保证充足的水源，充分发挥固定水喷淋系统的冷却保护作用。冷却降温要均匀，不要留下空白，避免物理爆炸事故发生。

4）灭火堵漏，消除危险源

要抓住战机，适时实行强攻灭火。对准泄漏口处火焰根部合理进行交叉射水分隔、密集水流交叉射水，或对准火点喷射干粉、二氧化碳灭火剂，扑灭火焰。气体或液化气储罐或管道阀门处泄漏着火，且储罐或管道泄漏关阀无效时，应根据火势判断气体压力和泄漏口的大小及其形状，准备好相应的堵漏器材（如塞楔、堵漏气垫、黏合剂、卡箍工具等）。堵漏工作准备就绪后，即可实施灭火，同时需用水冷却烧烫的罐壁或管壁。火被扑灭后，应立即用堵漏材料堵漏，同时用雾状水稀释和驱散泄漏出来的气体或液化气。如果泄漏口非常大，根本无法堵漏时，则需冷却着火容器及其周围容器和可燃物品，控制着火范围，直到燃气燃尽，火焰自动熄灭。

5）实施现场监控，防止爆炸和复燃。现场救援人员应注意各种爆炸危险征兆，遇有燃烧的火焰由红变白、光芒耀眼，燃烧处发出刺耳的呼啸声，罐体抖动，排气处、泄漏处喷气猛烈等情况时，火场指挥人员与救援人员应作出是否会发生爆炸的判断，以及时作出撤退决定，避免人员伤亡。

### （2）注意事项

1）查明情况采取措施

根据泄漏处是否着火采取相应的措施，防止盲目进入气体或液化气泄漏区域。根据泄漏的部位，判断是储罐泄漏还是管线泄漏，并携带相应的堵漏器材，同时根据泄漏点缺口形状决定堵漏材料。液化气的泄漏应首先判断漏气和漏液两种情况，一般来说，漏气比漏液的危险性小，因为当液化气系统发生漏气时，液化气在系统内汽化吸热，使系统内温度下降，压力也随之下降，有利于堵漏抢险作业。而漏液时液化气在系统外汽化吸热，系统内的压力和温度均没有下降，不利于堵漏抢险作业。发生漏气和漏液时的堵漏方法也不同，漏液时可使用冻结的方法堵漏，而漏气时则不能用此方法。

2）安全防护必须到位

接近燃烧区域的人员要穿防火隔热服，佩戴空气呼吸器或正压式氧气呼吸器等安全防护设备，防止高温、热辐射灼伤和中毒。气体或液化气发生泄漏事故，消防车应布置在离罐区150米的上风方向和侧风方向，车头朝向便于撤退的方向，抢险救援应当选择从泄漏点的上风方向和地势较高方向接近，水枪阵地要选择在靠近掩蔽物的位置，尽可能避开地沟、下水井的上方和着火架空管线的下方。进行冷却的人员应尽量采用低姿射水或利用现场坚实的掩蔽物防护。在卧式罐起火时，冷却人员应尽量避开封头位置，选择储罐四侧角作为射水阵地，防止爆炸时封头飞出伤人。冷却和灭火的水枪阵地，应当设置后排水枪保护。

3）检测气体防止爆炸

在火灾扑救中，要对燃烧区域外的储罐、钢瓶、管线等进行检测。在火灾扑救没有结束之前，必须坚持连续不断地检测。当储罐、钢瓶、管线的火灾被扑灭后，即使泄漏已经被制止，仍要继续检测。检测的主要部位是泄漏的部位、储罐和管线阀门处、火场的低洼处、墙角和背风处以及下水道井盖处等。

4）实施堵漏

在抢险救援过程中，堵漏作业一定要抓紧时间在白天进行，以免在晚上照明灯具开关等因产生电火花点燃气体或液化气。堵漏时要停止其他作业，因为其他作业不仅可能产生点火源引发爆炸，而且增加了警戒区的工作难度。在扑救液化气火灾和堵漏中，由于液化气泄漏时快速气化，需要吸收周围大量的热，会在气体扩散源附近形成冷地带，因此堵漏人员要做好防冻措施，防止液体直接喷溅到皮肤上，造成人员冻伤。另外，要防止液体溅入眼内。

5）无法堵漏，严禁灭火

在不能有效地制止气体或液化气泄漏的情况下，严禁将正在燃烧的储罐、钢瓶、管线泄漏处的火焰扑灭。即使在扑救周围火焰以及冷却过程中不小心把泄漏处的火焰扑灭了，在没有采取堵漏措施的情况下，必须立即用长点火棒将火点燃，使其恢复稳定燃烧。否则，大量可燃气体或液化气泄漏出来与空气混合，遇到着火源就会发生复燃复爆，造成更严重的危害。

# 40. 易燃液体泄漏火灾扑救

## (1) 扑救要点

1）切断火焰蔓延途径，控制燃烧范围

首先应切断火焰的蔓延途径，冷却和移除受火焰威胁的压力容器或密闭容器和可燃物，控制燃烧范围，并积极抢救受伤和被困人员。对于泄漏液体流淌火灾，应筑堤（或用围栏）拦截流淌的易燃液体或挖沟导流；封闭工艺流槽，并用填沙土的方法封闭污水井。对受热辐射影响强烈区域的装置、设备和框架结构应加以冷却保护，防止其受热变形或倒塌；开阀将着火或受威胁装置、设备和管道中的可燃液体导流至安全储罐。在有蒸气扩散的爆炸危险区域内，应立即停止用火作业并消除其他可能的着火源。

2）根据火情，采取针对性的灭火方法

①易燃液体储罐泄漏着火，在将燃烧限制在一定范围内的同时，应迅速准备好堵漏工具，然后先用泡沫、干粉、二氧化碳或雾状水等扑灭地上的流淌火焰，为堵漏扫清障碍，然后再扑灭泄漏口的火焰，并迅速采取堵漏措施。

②对大面积地面流淌性火灾，应采取围堵防流、分片消灭的灭火方法；对大量的地面重质油品火灾，可视情况采取挖沟导流的方法，将油品导入指定的安全地点，再利用干粉或泡沫一举扑灭；对暗沟流淌火，可先将其堵截住，然后向暗沟内喷射高倍数泡沫，或采取封闭窒息等方法灭火。

③对于固定灭火装置完好的燃烧罐（池），应及时启动灭火装置实施灭火。对固定灭火装置被破坏的燃烧罐（池），可利用泡沫管枪、移动泡沫炮、泡沫钩管、高喷车、举高消防车喷射泡沫等方法灭火。

④对于在油罐的裂口、呼吸阀、量油口或管道等处形成的火炬型燃烧，可用覆盖物如浸湿的棉被、石棉被、毛毯等覆盖火焰窒息灭火，也可用直流水冲击灭火或喷射干粉灭火。

⑤对于原油和重油等具有沸溢和喷溅危险的液体火灾，如果有条件，可排放罐底积水以防止发生沸溢和喷溅。在灭火的同时必须注意观察火场情况变化，及时发现沸溢、喷溅征兆，迅速作出正确判断，及时疏散人员，避免造成伤亡和损失。

⑥对于水溶性的液体如醇类、酮类等火灾，应使用抗溶性泡沫扑救。用干粉扑救时，灭火效果要视燃烧面积大小和燃烧条件而定，同时需用水冷却罐壁。

3）充分冷却，防止复燃

燃烧罐的火灾被扑灭后，要继续保持对罐壁的冷却，直至易燃液体的温度降到其燃点以下为止，并保持液面的泡沫覆盖。对于地面液体流淌火，在火灾被扑灭后，液面仍需用泡沫覆盖一段时间，防止复燃。

### （2）注意事项

1）判断着火面积

小面积（一般指 50 平方米以内）液体火灾，可用雾状水扑灭，用泡沫、干粉、二氧化碳灭火剂更有效。大面积液体火灾则必须根据其相对密度、水溶性和燃烧面积大小，选择正确的灭火剂扑救。比水轻又不溶于水的液体（如汽油、苯等），用直流水、雾状水灭火往往无效，可用普通蛋白泡沫或轻水泡沫灭火。比水重又不溶于水的液体起火时可用水扑救，因为水能覆盖在液面上灭火，泡沫也同样有效。具有水溶性的液体（如醇类、酮类等），虽然从理论上讲能用水稀释扑救，但实践中容易使液体溢出流淌，而普通泡沫又会受到水溶性液体的破坏，因此，最好用抗溶性泡沫扑救。

2）防毒

扑救毒害性、腐蚀性或其燃烧产物毒害性较强的易燃液体火灾，救援人员必须佩戴防护面具，做好防毒措施。

3）堵漏

遇易燃液体管道或储罐泄漏着火，在把燃烧限制在一定范围内的同时，应设法关闭进、出阀门，如果管道阀门已损坏，应迅速采取堵漏措施。与气体泄漏堵漏不同的是，液体泄漏一次堵漏失败，可连续堵几次，但需要用泡沫覆盖地面并控制好周围着火源。

## 41. 电气火灾扑救

### （1）扑救要点

1）断电灭火方法

当救援人员在灭火和冷却中用直流水柱、喷射出的泡沫等射至带电部位，或救援人员的身体以及所使用的消防器材接触或接近带电部位时，容易发生触电事故。为了防止在扑救火灾过程中发生触电事故，首先应禁止无关人员进入火灾现场，特别是对于有电线落地，已形成了跨步电压或接触电压的场所，一定要划分出危险区域，设有明显的警示标志并由专人看管。同时，要与生产调度、电工技术人员合作，在允许断电时要尽快设法切断电源，为扑救火灾创造安全的环境。

2）带电灭火方法

①用灭火器实施带电灭火。对于带电设备或线路初期火灾，应使用干粉或二氧化碳灭火器进行扑救。扑救时应根据着火设备或电气线路的电压，确定扑救最小安全距离，在确保人体、灭火器的筒体（喷嘴）与带电体之间距离不小于最小安全距离情况下，操作人员应尽量从上风方向释放灭火剂实施灭火。

②用固定灭火系统实施带电灭火。在库区、生产装置区、变配电所和装卸区等部位的二氧化碳、干粉固定灭火装置，以及雾状水的固定或半固定的灭火装置，可以直接用于带电灭火。

③用水实施带电灭火。因水能导电，用直流水柱近距离直接扑救电气设备火灾，救援人员会有触电的危险。因此，只有充分做好救援人员防触电措施的情况下，才能用水实施带电灭火。

### （2）注意事项

1）个人防护

①救援人员必须穿戴绝缘手套、绝缘胶靴，必要时应穿均压服。

②在金属水枪的喷嘴上安装接地线。

③使用铜网格做接地板。将接地线与金属水枪喷嘴和铜网

格接地板连接，根据电压高低选好安全距离，水枪射手在接地板上站好后，方可射水扑救火灾。

④采用喷雾水流。用喷雾水流进行带电灭火时，只需要根据电压高低选好安全距离（最好超过 3 米），水枪可以不用安装接地线，直接带电灭火。

⑤采用充实水柱。在运用充实水柱带电灭火时，水枪喷嘴与带电体的距离应根据带电体电压高低，保持在相应最小安全距离以外，最好使用小口径水枪，采取点射射水灭火，或将水流向斜上方喷射，使水断续地呈抛物线形状落于火点。

2）带电灭火时的注意事项

①水枪喷嘴与带电体之间要保持安全距离。

②使用直流水枪灭火时，救援人员如听到放电声或发现放电火花、有电击感时，应采取卧姿射水，将水带与水枪的连接处的金属触地，以防触电伤人。

③对架空带电线路进行灭火时，救援人员至带电体的水平距离应大于带电体距地面的垂直高度，以防导线断落等危及救援人员的安全。如果电线已断落，应划出 8~10 米警戒区，并禁止人员入内。

④在带电灭火过程中，没有穿戴防电劳动防护用品的人员，不准接近燃烧区。火灾扑灭后，如果设备仍有电压时，所有人员均不得接近带电设备和积水地区。

# 42. 危险化学品火灾扑救

## (1) 扑救要点

1）设置警戒线

危险化学品事故现场情况复杂，应实施警戒，并迅速疏散危险区域内的人员。根据仪器检测结果和现场气象状况，确定警戒区域，划定警戒范围，并在适当的地方设置警戒线。

2）选择处置方法

选择适当的处置方法，防止盲目施救。危险化学品种类繁多，各种危险化学品有各自的危险特性，处理方法也不同，发生危险化学品火灾事故时，必须首先把握危险化学品的种类和性质，根据事故现场的情况选择适当的处理方法。没有合适的处理方法和防护设备，就不能轻率地开展救援。

3）正确选用灭火剂

在扑救危险化学品火灾时，应正确选用灭火剂，积极采取针对性的灭火措施。大多数易燃固体、可燃液体火灾都能用泡沫灭火剂扑救。其中，水溶性的有机溶剂火灾应使用抗溶性泡沫扑救，如醚、醇类火灾，可燃气体火灾可使用二氧化碳、干粉等灭火剂扑救，有毒气体和酸、碱液可使用喷雾、开花射流水或设置水幕进行稀释。遇水燃烧物质如碱金属或碱土金属火灾，遇水反应物质如乙硫醇、乙酰氯等，应使用干粉、干沙土或水泥粉等覆盖灭火。粉状物品如硫黄粉、粉状农药等，不能用强水流冲击，可用雾状水扑救，以防发生粉尘爆炸，扩大灾情。

4）控制和消除引火源

如处置的危险化学品为易燃易爆物品，应在现场和一定范围内关闭所有电气设备，消除火源，进入警戒区域的消防车辆必须安装阻火器；现场上方的电线断电，关闭固定电话和手机，防止电火花点燃可燃气体、可燃液体的蒸气或可燃粉尘；在堵漏或现场作业时，应使用无火花处理工具。

5）清理和洗消现场

危险化学品火灾被扑灭后，应彻底清理事故现场，防止部分危险化学品因未清理干净而再次燃烧。全面清洗火灾现场及参与火灾扑救的人员、装备等，并对现场进行再次检测，确认现场残留毒物达到安全标准后，再解除警戒。

### （2）注意事项

1）救援人员应注意自身安全

进入危险区域的救援人员的人身防护要充分，应穿着防化服，遵守毒区行动规则，不得随意解除防护装备，不得随意坐下或躺下，不得在毒区进食和饮水等。扑救无机毒物中的氰化物，硫、砷和硒的化合物及大部分有机毒物火灾时，应尽可能站在上风方向，并佩戴防毒面具。

2）注意环境保护

在处置泄漏的危险化学物料时，能回收的要尽量回收，不能回收的要防止泄漏物料流入河道。若已流入河道，要采取相应措施进行消毒，并对污染河道进行连续、多点位、多层面的监测，既要做定性检测，又要做定量检测。同时要通报沿河群众、下游城市有关部门不要取用河水，密切关注污染水流情况。受污染的土壤应通过机械开挖清除，在安全区域采用焚烧或其他物理化学方法安全处理。对于稀释过程产生的大量污染水应尽可能地收集到一处，以便集中处理。

## 43. 人体着火扑救

人体着火多数是由于受伤人员所在场所发生火灾、爆炸事故或扑救火灾引起的，也有因用汽油、苯、酒精、丙醇等易燃油品和溶剂擦洗机械或衣物，遇到明火或静电火花而引起的。当人体着火时应采取如下扑救措施：

第一，若衣服着火又不能及时扑灭，则应迅速脱掉衣服，防止烧伤皮肤。若来不及或无法脱掉应就地打滚，用身体压灭火焰。切记不可跑动，否则风助燃火势会造成严重后果，就地用水灭火效果会更好。

第二，如果人体溅上油类而着火，其燃烧速度很快。人体的裸露部分，如手、脸和颈部最容易被烧伤。此时因疼痛难忍，一般就会本能地试图以跑动摆脱火焰，在场的人应立即制止其跑动，将其扑倒，用石棉布、棉衣、棉被等物覆盖灭火，用水浸湿后覆盖效果更好。用灭火器扑救时，不要对着人员脸部喷射灭火剂。

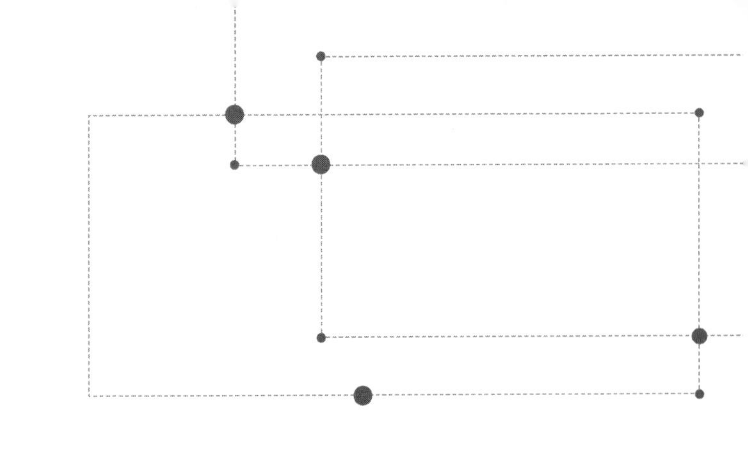

# 第6章

# 火场疏散与逃生

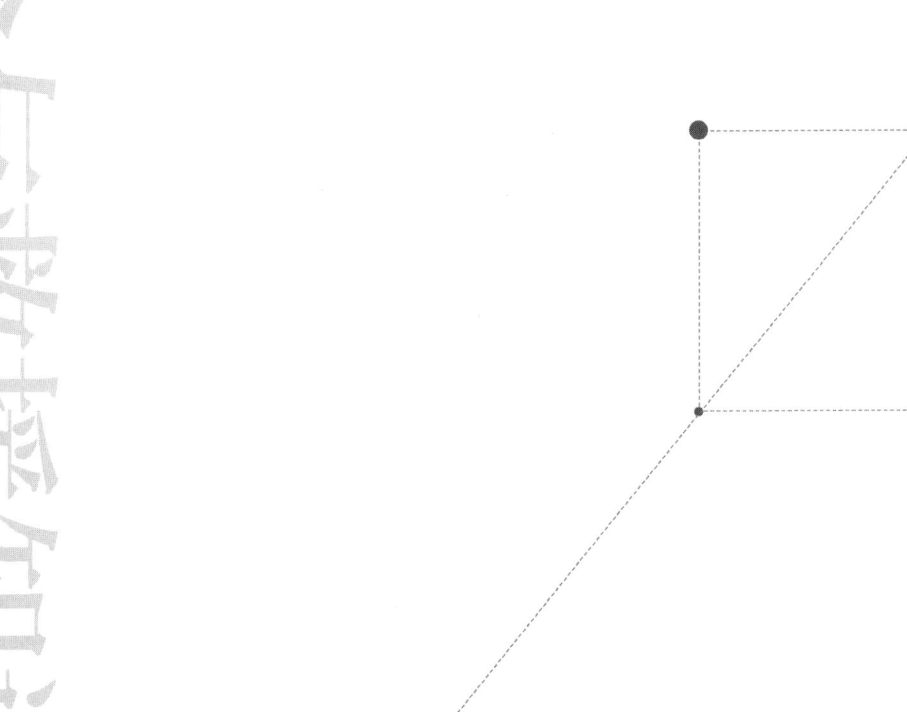

## 44. 火灾安全疏散

### (1) 安全疏散原则

1）保持安全疏散秩序。在疏散过程中，应始终把疏散秩序和安全作为重点，尤其要防止发生拥挤、践踏、摔伤等事故。

2）应遵循疏散顺序。就多层建筑物而言，疏散应以先着火层，再高层，最后低层的顺序进行，在疏散中要先老、弱、病、残、孕，再旅客、顾客、观众，后员工，最后为救援人员，以全体人员安全疏散到地面为最终目标。

3）发扬团结友爱、舍己救人的精神。火灾中善于保护自己顺利逃生是重要的，同时也要发扬团结友爱精神，在能力范围内救助更多的人撤离火灾危险境地。

4）疏散、控制火势和火场排烟，原则上应同时进行。

5）疏散中原则上禁止使用普通电梯。

6）滞留在没有消防设施的场所时，可将防烟楼梯间、前室、阳台等作为临时避难场所。千万不可滞留于走廊、普通楼梯间等烟火极易波及又没有消防设施的部位。

7）逃生中注意自我保护。火场上烟气具有较高的温度，但安全通道的上方烟气浓度大于下部，因此贴近地面处浓度最低，所以穿过烟气弥漫区域时要以低姿行进为好，如弯腰、蹲姿、爬姿行进等。如果身上衣服着火，应迅速将衣服脱下，或就地翻滚，将火压灭。如附近有浅水池、池塘等，可迅速跳入水中。如果身体已被烧伤，不要跳入污水中，以防感染。

8）注意观察安全疏散标志。在烟气弥漫、能见度极差的环境中逃生疏散时，应低姿细心搜寻安全疏散指示标志和安全门的应急灯光标志，按其指引的方向稳妥行进，切忌只顾低头乱跑或盲目跟随他人。

### (2) 可利用的建筑疏散设施

1）疏散楼梯间。疏散楼梯间包括敞开楼梯间、密闭楼梯间、防烟楼梯间和室外疏散楼梯。

2）安全出口。安全出口包括疏散楼梯和直通室外的疏散门。

3）应急照明和疏散指示标志、应急广播及辅助救生设施等。

4）超高层建筑还需设置避难层和直升机停机坪等。

**【知识拓展】**

一般应设置成封闭楼梯间的包括：

(1) 汽车车库中人员疏散用的室内楼梯。

(2) 甲、乙、丙类厂房（见表 6-1）和高层厂房、高层库房的疏散楼梯。

表 6-1　　生产的火灾危险性分类

| 生产的火灾危险性类别 | 使用或产生下列物质生产的火灾危险性特征 |
| --- | --- |
| 甲 | 1. 闪点小于 28 ℃的液体<br>2. 爆炸下限小于 10%的气体<br>3. 常温下能自行分解或在空气中氧化能导致迅速自燃或爆炸的物质 |

续表

| 生产的火灾危险性类别 | 使用或产生下列物质生产的火灾危险性特征 |
|---|---|
| 甲 | 4. 常温下受到水或空气中水蒸气的作用，能产生可燃气体并引起燃烧或爆炸的物质<br>5. 遇酸、受热、撞击、摩擦以及遇有机物或硫黄等易燃的无机物，极易引起燃烧或爆炸的强氧化剂<br>6. 受撞击、摩擦或与氧化剂、有机物接触引起燃烧或爆炸的物质<br>7. 在密闭设备内操作温度不小于物质本身自燃点的生产 |
| 乙 | 1. 闪点不小于 28 ℃，但小于 60 ℃的液体<br>2. 爆炸下限不小于 10%的气体<br>3. 不属于甲类的氧化剂<br>4. 不属于甲类的易燃固体<br>5. 助燃气体<br>6. 能与空气形成爆炸性混合物的浮游状态的粉尘、纤维以及闪点不小于 6 ℃的液体雾滴 |
| 丙 | 1. 闪点不小于 60 ℃的液体<br>2. 可燃固体 |

（3）11 层及以下的通廊式住宅、12 层以上及 18 层以下的单元式住宅的疏散楼梯。

（4）医院、疗养院的病房楼，设有空气调节系统的多层旅馆和超过 5 层的其他公共建筑的室内疏散楼梯（包括底层扩大封闭楼梯间）。

# 45. 火场逃生基本原则

## (1)“三要”原则

1）要熟悉所居住的环境

对楼宇的楼梯、通道、大门、安全出口等要熟记于心，要知道天窗、平台、临时避难所等的具体位置，一旦发生火灾就能快速逃生。

2）要保持沉着冷静

面对凶猛的火势，只要冷静下来仔细思考逃生路线，果断行动，就能保护自身和他人的安全。

3）要谨防中毒和窒息

通过大量的火灾事故调查发现，火灾发生时大部分人都是因中毒和窒息而死亡。正确的做法是用湿毛巾捂住口鼻，弯腰前行，绝对不能站立逃跑，因为烟雾都集中在上部。

## (2)“三救”原则

1）要选择合适的逃生通道自救

在平时要熟记所在楼宇的逃生路线，以便在发生火灾时可以根据火情选择一条合适的逃生路线，尽量选择烟雾不大或者尚未燃烧的楼梯、疏散通道等，最好的选择是敞开的楼梯，到达着火层以下就算基本脱险。

2）选择结绳下滑自救

当火场人员逃生路线均被封锁且被困在某个房间内时，可以利用绳子或者将窗帘、床单等撕成较粗的长带子，依次连接起来制成一根简易救生绳，把绳子一端牢牢固定在暖气片或者重的桌子上，把另一端垂直下到地面或者平台，顺着绳子滑到安全地方。

3）向外界求救

当所有的逃生路线都被切断时，被困人员应暂时退回房间，打开窗户，大声向外界呼喊、摇晃手电筒等发出求救信号等待救援，并不断向门上浇水，缓解火势的蔓延。

### (3)“三不”原则

1）不乘坐普通电梯

发生火灾时为了防止大火沿着电气线路扩大，通常会拉闸断电，此时若在电梯里面就会被困住且无法与外界取得联系。

2）不要轻易跳楼

高层跳楼逃生很难成功，当然身处低楼层且万不得已一定要跳的时候还是要讲究一定的方法，先将棉被或者床垫等具有缓冲作用的物品扔到地面，然后双手抓住窗沿，身体下垂，双脚落地跳下。

3）不要贪恋财物

火灾一旦发生，火势发展极为迅速，很多时候生死就在一瞬间，切莫贪恋钱财，最后人财两空。

# 46. 火场逃生方法及注意事项

## (1) 火灾现场逃生的方法

1）抓住时机，尽力扑灭初期小火。

2）保持镇静，明辨方向后迅速撤离。

3）不入险地，千万不能因为抢救财物而浪费宝贵的逃生时间。

4）利用现有条件进行简易防护后，蒙鼻匍匐前进逃离。

5）善用逃生通道，不使用普通电梯。

6）利用建筑配置的缓降逃生器或滑绳自救。

7）如确实无法逃离或遇出口已封锁，应立即进入避难场所，固守待援。

8）若被困在靠近窗口处，应挥动或轻抛衣物，吸引救援人员注意。

9）在能确保生命安全的情况下，低层紧急跳楼也是一种不得已的方法。

10）身上着火，千万不要惊慌跑动。

11）身处险境，自救的同时应该不忘救他人。

## (2) 火灾现场逃生的注意事项

1）保持镇静，克服惊慌心理，谨防心理崩溃。

2）逃生时要注意随手关闭通道上的门窗。

3）克服盲目从众行为。

4）火场逃生要迅速，动作越快越好。

5）不要向狭窄的角落退避。

6）不要在烟气中直立行走、做深呼吸，要尽量低姿匍匐前进，用湿毛巾捂住口鼻。

7）不要因财物等原因重返火场。

8）火场中不要轻易乘坐电梯。

9）身上衣服着火时，应就地打滚，压灭身上的火苗，不要身穿着火衣服跑动。

10）不能盲目跳楼，要利用绳子或者床单连成条状从窗户滑下。

11）躲避烟火时不要躲进楼阁、床底。

## 47. 常见火场逃生错误行为与高层建筑物火场逃生

### （1）常见火场逃生错误行为

1）原路脱险

发生火灾时，人们总是习惯沿着入口和走廊逃跑，当发现道路封堵时，只能寻找其他出入口。此时，他们已经错过了逃跑的最佳时间。

2）向光朝亮

这是在紧急危险的情况下，由于人类生理上、心理上的本能所决定的，人们总是朝着有光的方向逃跑。然而，大部分有光的地方火都燃烧得比较猛烈，也是最危险的地方。

3）盲目追随

当人的生命突然面临危险状态时，很容易因为恐慌而失去正常的判断力和思维能力，当你听到或看到有人在前面跑时，第一反应就是盲目地紧紧追随。

4）自高向下

当火灾发生在高层建筑，特别是在高楼大厦时，人们总是习惯性地认为火是从上向下燃烧的，越高越危险。事实上，很多时候，当高层开始燃烧时，楼下已经是一片火海。

5）冒险跳楼

当人们发现逃生的路都被火封住，火势越来越大、烟雾越来越浓时，人们就很容易失去理智，盲目跳楼、跳窗等，增加了危险性。

### （2）高层建筑物火场逃生

1）利用消防电梯进行疏散逃生，着火时普通电梯千万不能乘坐。

2）利用室内的普通楼梯、封闭楼梯、防烟楼梯进行逃生。

3）利用建筑物的阳台、通廊、避难层、室内设置的缓降器、救生袋、安全绳等进行逃生。

4）利用观光楼梯避难逃生。

5）利用墙边落水管进行逃生。

6）利用房间床单等物连接起来制成简易救生绳进行逃生。

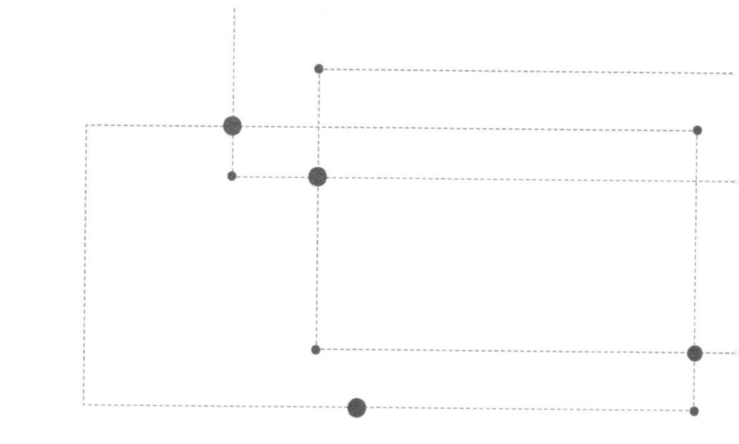

# 第 7 章

# 事故现场应急处置与救护

# 48. 事故现场应急处置

## (1) 事故现场应急处置原则

1）快速反应原则

在应急响应的过程中，我们必须坚持快速反应，努力以最短的时间到达现场，控制情况，减少损失，以最高的效率和最快的速度救援被困人员，并为尽快恢复正常的工作秩序、社会秩序和生活秩序创造条件。

2）救助原则

大量的灾难性事故案例研究表明，事故的严重后果是由于不及时的反应使受害者无法得到及时的救助。事故现场应急处置的首要目标是人员的安全，救助原则与快速反应原则的本质要求都是减少人员的伤亡。

3）人员疏散原则

在大多数灾难性事故现场应急处置的控制与安排中，把处于危险境地的受害者尽快疏散到安全地带，避免出现更大伤亡，是一项极其重要的工作。在很多伤亡惨重的灾难性事故中，没有及时进行人员安全疏散是造成大规模伤害的主要原因。无论是自然灾害还是人为的事故，或者其他类型的灾难性事故，在决定是否疏散人员的过程中，需要考虑的因素一般有以下几点：

①是否可能会对群众的生命和健康造成危害，特别是要考虑到是否存在潜在的危险。

②灾难性事件的危害范围是否会扩大或者蔓延。

③是否会对环境造成破坏性的影响。

4）保护现场原则

根据一般程序，在应急处置工作结束后，或在应急处置过程中的适当时间，就需要调查工作的介入，分析灾难性事故的原因和性质，发现、收集相关证据，并对灾难性事故的负责人进行调查。在应急响应过程中，特别是在安排现场处置时，必须考虑对现场的有效保护，以便在日后开展调查工作。

5）保障应急参与人员安全的原则

要保障应急参与人员的安全，现场的应急指挥人员在指导思想上也应当充分地权衡各种利弊，使现场应急处置的决策更科学化、合理化，避免付出不必要的牺牲和代价。

### （2）事故现场应急处置工作内容

1）事故应急处置程序

根据可能发生的事故类型及现场情况，明确事故报警、各项应急措施启动、应急救护人员的引导、事故扩大及同生产经营单位应急预案的衔接程序。

2）现场应急处置措施

针对可能发生的事故，从人员救护、工艺操作、事故控制、消防、现场恢复等方面制定明确的应急处置措施。

3）报告和救援

明确报警负责人以及报警电话及上级管理部门、相关应急救援单位联络方式和联系人员，是事故报告的基本要求和内容。

### (3) 事故现场控制的基本方法

在现场处理应急事件的过程中，现场控制至关重要，应做出一系列应急安排，以防止灾难性事故的影响进一步扩大，尽量减少人员伤亡和经济损失。事故现场控制的一般方法可分为以下几种类型：

1）警戒线控制法

警戒线控制法是由参加现场处置工作的人员对需要保护的重大或者特别重大事件现场，防止非应急处置人员和其他无关人员进入和干扰应急操作的特别保护方法。在重大灾害现场或者其他有关地方，应当根据不同的情况或者需要，安排公安机关的人民警察进行警戒和保护。对应急现场应从其核心现场开始，向外设置多层警戒线。

2）区域控制法

在不破坏现场的前提下，一般应先观察整个应急现场的外围环境，确定关键区域、关键地带、危险区域和危险地带。一般原则是先关键区域，后一般区域；先危险区域，后安全区域；先外围区域，后中心区域。实施具体区域控制时，一般在事故单位或当地公安机关指定的现场专业处置人员的指导下进行；对于重特大灾害的应急现场，还需要由穿制服的人民警察或武警控制。

3）遮盖控制法

遮盖控制法实际上是一种保护现场和现场证据的方法。一般采用清洁的塑料布、帆布、稻草垫等遮盖，发挥防风、防雨、防晒等作用，并且可以防止无关人员随意接触。需要注意的是，除非没有其他方法，否则尽量不要使用遮盖控制法，防止遮盖物污染一些微量物证，影响取证和随后的物理和化学分析结果。

4）以物围圈控制法

为了保持现场处置的正常秩序，防止现场重要物证的损坏和危害的扩大，可以用其他物品对现场中心地带进行围圈。一般来讲，可以使用一些不污染环境的、阻燃阻爆的物体。如果场地更复杂，也可以按区域和地段围圈。

5）定位控制法

部分事故应急现场由于伤亡较多、物体变动大、物证分布杂而广，采用上述现场控制方法，可能给事发地的正常生活和工作秩序带来一些负面影响，这就需要对现场特定死伤人员、特定物体、特定物证、特定方位、特定建筑等采取定点标注的方法，使现场处置人员对整体事故现场能够一目了然，做到定量与定性相结合，有利于下一步工作的开展。定位控制一般根据场地大小、损坏程度等情况进行。首先，场地可以按区域和方向划分，分为有规则形状和无规则形状，如长条形、矩形、圆形、螺旋形等。然后，每个区域指派现场处置人员，用颜色鲜艳的旗帜对人证、物证以及重要痕迹进行标记。最后，根据现场的应急响应需要进行下一步工作。

### （4）事故现场应急处置过程

在事故现场应急处置工作中，虽然由于事故发生的单位、地点、化学介质不同，应急处置程序会存在差异，但一般都是由设点、询问和侦检、隔离与疏散、防护、现场急救等步骤组成的。

1）设点

设点是指进入事故现场的各救援队，选择有利地形（地点）设置现场救援指挥部、救援和医疗急救点。各救援点的位置选择关系自身的安全和能否有序地开展救援工作。现场救援指挥部、救援和医疗急救点的设置应考虑以下五项因素：

①地点。应选在上风向的非污染区域，需注意不要远离事故现场，以便于指挥和救援工作的实施。

②位置。各救援队伍应尽可能在靠近现场救援指挥部的地方设点并随时保持与指挥部的联系。

③路段。应选择交通路口，利于救援人员或转送伤员的车辆通行。

④条件。现场救援指挥部、救援和医疗急救点无论设在室内或室外，都应便于人员行动或伤员的抢救，同时要尽可能利用原有通信、水和电等资源展开救援工作。

⑤标志。现场救援指挥部、救援和医疗急救点要设置醒目标志，方便救援人员和伤员识别。悬挂的旗帜应用轻质面料制作，以便救援人员随时掌握现场风向。

2）询问和侦检

采取现场询问和侦检的方法，充分了解和掌握事故的具体情况、危险范围、潜在险情（爆炸、中毒等）。侦检是危险物质事故应急处置的主要环节，是指利用检测仪器检测事故现场危险物质的浓度、强度以及扩散、影响范围，并进行动态监测的技术手段。根据事故情况不同，可以派出多个侦检小组对事故现场进行侦检，每个侦检小组至少应有2人。

3）隔离与疏散

①建立警戒区域。事故发生后，应根据化学品泄漏扩散的情况或受火焰热辐射影响的范围建立警戒区，并在通往事故现场的主要干道上实行交通管制。建立警戒区时应注意的事项包括：警戒区的边界应设警示标志，并有专人警戒；除消防人员、应急处置人员以及必须坚守岗位的工作人员外，其他人员禁止进入警戒区；泄漏溢出的化学品为易燃物品时，区域内应禁火种。

②紧急疏散。事故发生后，应迅速将警戒区及污染区内与事故应急处理无关的人员撤离，以减少不必要的人员伤亡。紧急疏散时应注意的事项包括：如事故物质为有毒物质时，救援人员需要佩戴劳动防护用品或采取简易有效的防护措施，并做好相应的监护措施；应向上风方向转移，明确专人引导和护送疏散人员到达安全区，并在疏散或撤离的路线上设立哨位，指明方向；不要在低洼处滞留；要查清是否有人留在污染区或着火区。

4）防护

根据事故物质的毒性及划定的危险区域，确定相应的防护等级，并根据防护等级配备相应的防护器具。

5）现场急救

在事故现场，危险物质对人体可能造成的伤害主要有中毒、窒息、冷冻伤、化学灼伤、烧伤等，进行急救（救护）时，不论是伤员，还是救援（救护）人员，都需要进行适当的防护。

## 49. 事故现场急救

### (1) 现场急救的原则

现场急救的总任务是采取及时有效的抢救措施和技术，尽量减少伤员的疼痛，降低致残率，减少死亡率，为医院抢救奠定良好的基础。现场急救应遵循以下原则：

1）先复后固的原则

遇有心搏、呼吸骤停又有骨折者，应先用口对口人工呼吸和胸外心脏按压等方法使心、肺、脑复苏，直至心搏、呼吸恢复后，再进行骨折固定。

2）先止后包的原则

遇有大出血又有创口的伤员时，首先立即用指压、止血带或药物等止血法进行止血，接着再消毒，并对创口进行包扎。

3）先重后轻的原则

同时遇有伤情较重的和伤情较轻的伤员时，应优先抢救伤情较重的伤员，后抢救伤情较轻的伤员。

4）先救后运的原则

发现伤员时，应先救后运，在运送伤员到医院途中，少颠簸，注意伤员保暖，不要停止抢救，并继续观察伤情变化，直至平安抵达最近医院。

5）急救与呼救并重的原则

在遇有成批伤员且现场还有其他参与急救的人员时，要迅速而镇定地分工合作，急救和呼救可同时进行，尽快地争取救援。

6）搬运与急救一致性的原则

在运送危重伤员时，急救工作应与运送工作同时进行，为伤员争取时间，减轻伤员不应有的痛苦并减少死亡率。

【知识拓展】

救援人员在进行现场急救时的注意事项：

（1）避免直接接触伤员的体液。

（2）使用防护手套，并用防水胶布贴住自己损伤的皮肤。

（3）急救前和急救后都要洗手。眼、口、鼻或者任何皮肤损伤处一旦溅有伤员的血液，应尽快用肥皂水清洗，并去医院处理。

（4）进行口对口人工呼吸时，尽量使用人工呼吸面罩。

### （2）现场急救的基本步骤

1）紧急呼救

当事故发生后，如果救援人员发现了危重伤员，经过现场评估和病情判断后需要立即救护的，应立即向救护医疗服务系统或附近担负院外急救任务的医疗部门、社区卫生单位报告，常用的急救电话为“120”。

2）判断危重伤

救援人员在现场巡视后应对伤员进行最初评估，如果发现伤员，尤其是处在情况复杂的现场，救援人员需要首先确认并立即处理威胁生命的情况，如检查伤员的意识、气道、呼吸、循环体征等。

3）救护

灾害事故现场一般都很混乱，因此组织指挥特别重要，救援人员应快速组成临时现场救护小组。统一指挥，加强灾害事故现场一线救护，这是保证抢救成功的关键措施之一。灾害事故发生后，应避免慌乱，尽可能缩短伤后至抢救的时间。强调提高基本治疗技术是做好灾害事故现场救护的最重要的问题。善于应用现有的先进科技手段，体现“立体救护、快速反应”的救护原则，有助于提高救护的成功率。

## 50. 烧伤急救法

火灾中一旦发生烧伤，尤其是大面积的烧伤，死亡率与致残率都很高，将严重影响人身安全。但是由于烧伤防治知识普及度较差，对烧伤基本知识及防治知识了解的人寥寥无几，使得一些烧伤伤员无法得到及时有效的治疗，甚至丧失了宝贵的生命。

### （1）热力烧伤的现场急救

热力烧伤一般包括热水、热液、蒸汽、火焰和热固体以及热辐射所造成的烧伤。热力烧伤在日常生活中发生最多，因而民间的“急救措施”也多种多样，最常见的是在创面上涂抹牙膏、酱油、香油等，但这些物品都不利于热量散发，同时可能加重创面污染。

有效的措施是立即去除致伤因素并给予降温。针对热液烫伤，应立即脱去被浸渍的衣物，使热力不再继续作用并尽快用凉水冲洗或浸泡伤部，使伤部冷却，以减轻疼痛和损伤程度。

火焰烧伤时切忌奔跑呼喊、以手扑火，以免助火燃烧而使头面部、呼吸道和手部烧伤，应就地滚动或用棉被、毯子等覆盖着火部位。

去除致伤因素后，应用冷水冲洗创面，冷疗需在伤后半小时内进行，否则无效。具体方法是烧伤后立即将创面浸入自来水或冷水中，水温15~20 ℃，也可用纱布垫或毛巾浸冷水后敷于创面半小时至一小时，直到停止冷疗后创面不再感觉疼痛。冷水冲洗的水流与时间应结合季节、室温、烧伤面积、伤员体质而定，气温低、烧伤面积大及年老体弱者不能耐受较大范围的冷水冲洗。不要随意涂抹冲洗后的创面，即使基层医疗单位和家庭常用的一些外用药如龙胆紫、红汞等也不可以，以免影响医生清创和对烧伤深度的诊断。创面可用无菌敷料覆盖，没有条件的可用清洁布单或被子覆盖，尽量避免与外界直接接触，并尽快送医院诊治。

### (2) 吸入性损伤的现场急救

吸入性损伤是指热空气、蒸汽、烟雾、有害气体挥发性化学物质等致伤因素和其中某些物质中的化学成分，被人体吸入后所造成的呼吸道和肺实质的损伤，以及毒性气体和物质被吸入后引起的全身性化学中毒。

吸入性损伤主要归纳为以下三个方面：一是热损伤，吸入的干热或湿热空气直接造成呼吸道黏膜、肺实质性损伤。二是窒息，因缺氧或吸入窒息剂引起窒息，是火灾中常见的死亡原因。一方面，在燃烧过程中，尤其是在密闭环境中，大量的氧气被急剧消耗，高浓度的二氧化碳可使伤员窒息；另一方面，含碳物质不完全燃烧可产生一氧化碳，含氮物质不完全燃烧可产生氰化氢，两者均为强力窒息剂，被吸入人体后可引起氧代谢障碍导致窒息。三是化学损伤，火灾烟雾中含有大量的粉尘颗粒和各种化学物质，这些有害物质可通过局部刺激或被吸收引起呼吸道黏膜的直接损伤和全身中毒反应。

此时应迅速使伤员脱离火灾现场，将其置于通风良好的地方，清除口鼻分泌物和炭粒，保持呼吸道通畅，有条件者可给予导管吸氧。如果判断伤员有窒息剂（如一氧化碳、氰化氢）中毒的可能性，应及时将其送医进一步处理，途中要严密观察，防止伤员因窒息而死亡。

### （3）电烧伤的现场急救

电烧伤时，首先要用木棒等绝缘物或橡胶手套切断电源，再进行急救，要注意维持伤员的呼吸和循环。如果伤员出现呼吸和心搏停止，救援人员应立即进行口对口人工呼吸和胸外心脏按压急救，不要轻易放弃。

### （4）烧伤伴合并伤的现场急救

火灾现场造成的损伤除烧伤外，往往还伴有其他损伤，如煤气、油料爆炸可伴有爆震伤；房屋倒塌、车祸可伴有挤压伤，以及颅脑损伤、骨折、内脏损伤、大出血等。在急救中对危及伤员生命的合并伤应迅速给予处理，如活动性出血应给予压迫或包扎止血，开放性损伤应争取灭菌包扎保护，合并颅脑、脊柱损伤者应注意小心搬动，合并骨折者应给予简单固定等。

### (5) 现场急救后转送前的注意事项

现场急救后，为使伤员能够得到及时、系统的治疗，应尽快转送医院，送医院的原则是尽早、尽快、就近。但是由于一些基层医院没有烧伤外科专业人员，烧伤伤员经常遇到再次转院的问题。对轻中度烧伤伤员，一般可以及时转送；对重度烧伤伤员，因伤后早期易发生休克，故应首先及时建立静脉补液通道给予有效的液体复苏，以有效预防休克的发生或及时纠正休克，减轻创面损伤程度，降低烧伤并发症的发生率。一般成人烧伤面积大于 15%（儿童大于 10%），其中Ⅱ度以上烧伤面积占 1/2 以上者，即有发生低血容量性休克的可能性，多需要静脉补液治疗。

## 51. 急性中毒急救法

### (1) 除毒

1）吸入毒物的急救

应立即将伤员搬离中毒现场，搬至空气新鲜的地方，解开衣领，以保持呼吸道通畅，同时使伤员吸入氧气。伤员昏迷时，要取出义齿（如有），将舌头牵引出来。

2）清除皮肤毒物

迅速使伤员离开中毒场地，脱去被污染的衣物，彻底清洗皮肤、毛发等，常用流动清水或温水反复冲洗身体，清除玷污的毒性物质。有条件者，可用 1%醋酸或 1%～2%稀盐酸、酸性果汁冲洗碱性毒物；用3%~5%碳酸氢钠或石灰水、小苏打水、肥皂水冲洗酸性毒物。但是敌百虫中毒忌用碱性溶液冲洗。

3）清除眼内毒物

迅速用0.9%盐水或清水冲洗眼部5~10分钟。酸性毒物用2%碳酸氢钠溶液冲洗，碱性毒物用3%硼酸溶液冲洗。然后可滴0.25%氯霉素眼药水，或0.5%金霉素眼药膏以防止感染。无药液时，只用微温清水冲洗亦可。

4）经口误服毒物的急救

对于已经明确属口服毒物的神志清醒的伤员，应马上采取催吐的办法，使毒物从体内排出。

5）促进毒物的排出

用以下方法可促使已经进入体内的毒物尽快排出：

①利尿排毒，大量饮水、喝茶水都有利尿排毒的作用，亦可口服呋塞米（利尿剂）20~40毫克。

②静脉注射排毒，用40~60毫升5%葡萄糖，加500毫克维生素C进行静脉点滴。

③换血排毒，该法常用于毒性极大的氰化物、砷化物中毒，可将伤员的血液换成同血型健康人的血液。

④透析排毒，在医院可做血液腹膜、结肠透析以清除毒物。

6）镇静和保暖

镇静和保暖是抢救过程中减少耗氧的极为重要的环节。常用注射镇静药物的方法用25毫克盐酸异丙嗪片、10毫克安定进行肌内注射。

### （2）解毒和对症急救

解毒和对症急救需在医院进行。

### （3）给予生命支持

在医务人员到达之前或在送去医院途中，对已发生昏迷的伤员应采取正确体位，防止窒息；对已发生心搏、呼吸停止的伤员应实施心肺复苏急救。

## 52. 心肺复苏法

心肺复苏技术简称 CPR，是指当伤病人员呼吸与心搏已经停止时，合并使用人工呼吸及胸外心脏按压来进行急救的一种技术方法。

### （1）实施要领

实施心肺复苏时，首先要判断伤员呼吸、心搏状况，只有明确判定呼吸、心搏已经停止，才能立即进行心肺复苏。

1）开放气道

用最短的时间，先将伤员衣领口、领带、围巾等解开，戴上手套（最好是医用手套）迅速清除伤员口鼻内的污泥、土块、痰、呕吐物等异物，以利于呼吸道畅通，再将气道打开。

2）口对口人工呼吸

①救援人员一只手的拇指、食指捏紧伤员的鼻孔，另一只手托其下颌。

②将伤员口打开，救援人员深呼吸，用唇紧贴并包住伤员口部吹气。

③看伤员胸部鼓起方为有效。

④脱离伤员口部，放松捏鼻孔的拇指、食指，使胸廓恢复。

⑤感到伤员口鼻部有气呼出。

⑥连续吹气 2 次，使伤员肺部充分换气。

3）心脏复苏

判定心搏是否停止，可以摸伤员的颈动脉有无搏动，如无搏动，立即进行胸外心脏按压。实施胸外心脏按压的主要步骤如下：

①用一只手的掌根按在伤员胸骨中下 1/3 段交界处。

②另一只手压在前手的手背上，手指扣住下方手的手掌并使手指脱离胸腔壁，不能平压在胸腔壁。

③双肘关节伸直，利用体重和肩臂力量垂直向下挤压，使胸骨下陷 4 厘米左右。

④略停顿后在原位放松，但手掌根不能离开胸骨定位点。

⑤连续进行 15 次胸外心脏按压，再口对口人工呼吸 2 次，如此反复。

### （2）注意事项

1）进行口对口人工呼吸注意事项

①口对口人工呼吸一定要在气道开放的情况下进行。

②向伤员肺内吹气不能太急太多，仅需胸廓隆起即可，吹气量不能过大，以免引起胃扩张。

③吹气时间以占一次呼吸周期的 1/3 为宜。

2）胸外心脏按压注意事项

①防止并发症。胸外心脏按压并发症有急性胃扩张、肋骨或胸骨骨折、肋骨软骨分离、气胸、血胸、肺损伤、肝破裂、冠状动脉刺破（心脏内注射时）、心包压塞、胃反流物误吸或吸入性肺炎等，故要求判断准确、处理及时、操作规范。

②胸外心脏按压与放松时间比例和按压频率要合理。实验研究证明，当胸外心脏按压及放松时间各占 1/2 时，心脏射血最多，获得最大血流动力学效应；按压频率为 80~100 次/分钟时，可使血压短期上升到 60~70 毫米汞柱，有利于心脏复搏。

③胸外心脏按压用力要均匀，不可过猛。

3）效果观察

①颈动脉搏动。胸外心脏按压有效时可随每次按压触及一次颈动脉搏动，测血压为 40~60 毫米汞柱以上，说明胸外心脏按压方法正确。若停止按压，脉搏仍然存在，说明伤员自主心搏已恢复。

②面色转红润。复苏有效时，伤员面色、口唇、皮肤颜色由苍白或发绀转为红润。

③意识渐渐恢复。复苏有效时，伤员昏迷变浅、眼球活动、出现挣扎，或给予强刺激后出现保护性反射活动，甚至手足开始活动，肌张力增强。

④出现自主呼吸。应注意观察，有时很微弱的自主呼吸不足以满足机体供氧需要，如果不继续人工呼吸，则可能很快又停止自主呼吸。

⑤瞳孔变小。复苏有效时，扩大的瞳孔变小，并出现光反应。

## 53. 常用止血法

受伤出血分为内出血和外出血。内出血只能到医院进行治疗，外出血是现场急救的重点。常用的现场止血方法较多，应根据出血位置等具体情况进行选择，也可以把几种方法结合在一起应用，以达到最快、最有效、最安全的止血目的。

### （1）加压止血法

1）指压动脉止血法

指压动脉止血法适用于头部和四肢某些部位的大出血，方法为用手指压迫伤员伤口近心端动脉，将动脉压向深部的骨头，以阻断血液流通。

①头面部指压动脉止血法：

a. 指压颞浅动脉。该法适用于一侧头顶、额部、颞部的外伤大出血。在伤员伤侧耳前，用一只手的拇指对准下颌骨关节压迫颞浅动脉，另一只手固定其头部。

b. 指压面动脉。该方法适用于面部外伤大出血。用一只手的拇指和食指或拇指和中指分别压迫伤员双侧下颌角前约1厘米的凹陷处，以阻断其面动脉血流。

c. 指压耳后动脉。该方法适用于一侧耳后外伤大出血。用一只手的拇指压迫伤员伤侧耳后乳突下凹陷处，阻断耳后动脉血流，另一只手固定其头部。

d. 指压枕动脉。该方法适用于一侧头后枕骨附近外伤大出血。用一只手的四指压迫伤员耳后与枕骨粗隆之间的凹陷处，阻断枕动脉的血流，另一只手固定其头部。

②指压四肢动脉止血法：

a. 指压肱动脉。该方法适用于一侧肘关节以下部位的外伤大出血。用一只手的拇指压迫伤员上臂中段内侧，阻断肱动脉血流，另一只手固定其手臂。

b. 指压桡动脉和尺动脉。该方法适用于手部大出血。用双手拇指分别压迫伤员伤侧手腕两侧的桡动脉和尺动脉，以阻断血流。因为桡动脉和尺动脉在手掌部有广泛吻合支，所以必须同时压迫双侧。

c. 指压指（趾）动脉。该方法适用于手指（脚趾）大出血。用拇指和食指分别压迫伤员手指（脚趾）两侧的动脉，以阻断血流。

d. 指压股动脉。该方法适用于一侧下肢的大出血。用两手的拇指用力压迫伤员伤肢腹股沟中点稍下方的股动脉，以阻断股动脉血流。此时伤员应该保持坐姿或卧姿。

e. 指压胫前、后动脉。该方法适用于一侧脚部大出血。用两手的拇指和食指分别压迫伤员伤脚足背中部搏动的胫前动脉及足跟与内踝之间的胫后动脉。

2）直接压迫止血法

直接压迫止血法适用于较小伤口的出血，用无菌纱布直接压迫伤员伤口处 10 分钟左右。

3）加压包扎止血法

加压包扎止血法适用于各种伤口，是一种比较可靠的非手术止血法。先用无菌纱布覆盖压迫伤员伤口，再用三角巾或绷带用力包扎，包扎范围应该比伤口稍大。在没有无菌纱布时，可使用消毒卫生巾或餐巾等代替。

## （2）辅助材料止血法

1）填塞止血法

填塞止血法适用于较大而深的伤口，先用镊子夹住无菌纱布塞入伤口内，如一块纱布止不住出血，可再加纱布，最后用绷带或三角巾包扎固定。

2）止血带止血法

止血带止血法只适用于四肢大出血，而且是其他止血法效果不明显时才用的方法。使用止血带的注意事项：

①部位。上臂外伤大出血应扎在上臂上端 1/3 处，前臂或手大出血应扎在上臂下端，不能扎在上臂靠近肘关节的 1/3 处，因该处神经走行贴近肱骨，易被损伤。下肢外伤大出血应扎在股骨靠近膝关节的 1/3 处。

②衬垫。使用止血带的部位应该有衬垫，否则会损伤皮肤。止血带可扎在衣服外面，把衣服作衬垫使用。

③松紧度。应以出血停止、远端摸不到脉搏为宜，过松将达不到止血目的，过紧则会损伤组织。

④使用时间。一般不应超过 5 小时，原则上每小时要放松 1 次，放松时间为 1~2 分钟。

⑤标记。正在使用止血带的伤员应在前额或胸前易发现的部位贴有明显标记，标记写明绑扎时间。如立即送往医院，则可以不做标记。

# 54. 常用包扎法

包扎的目的是保护伤口、减少污染、固定敷料和帮助止血，常用绷带和三角巾进行包扎。无论采用何种包扎方法，均要求达到包好后固定不移动和松紧适度，并确保操作条件尽量无菌。

## （1）绷带包扎法

1）绷带包扎常用方法

包扎时要掌握好“三点一走行”，即绷带的起点、止血点、着力点（多在伤处）和走行方向的顺序，做到既牢固又不能太紧。应先在创口覆盖无菌纱布，然后从伤口低处向上左右缠绕。包扎伤臂或伤腿时，要尽量设法暴露手指尖或脚趾尖，以便观察血液循环。绷带用于胸、腹、臀、会阴等部位效果不好，容易滑脱，所以一般用于四肢和头部的伤口。

①环形包扎法。绷带卷放在需要包扎位置稍上方，第一圈稍斜缠绕，第二、第三圈环行缠绕，并将第一圈斜出的绷带带角压于环行圈内，然后重复缠绕，最后在绷带尾端撕开打结固定，或用别针、胶布将尾部固定。

②螺旋形包扎法。先环形包扎数圈，然后将绷带呈螺旋状向斜旋上升缠绕，每圈盖过前圈的1/3~2/3。

③螺旋反折包扎法。先做两圈环行固定，再螺旋形包扎，待到渐粗处，一手拇指按住绷带上面，另一手将绷带自此点反折向下，此时绷带上缘变成下缘，后圈覆盖前圈1/3~2/3。此

法主要用于粗细不等的四肢如前臂、小腿等的包扎。

④“8”字形包扎法。此方法适用于四肢各关节处的包扎。于关节上下将绷带一圈向上、一圈向下做“8”字形来回缠绕。

⑤头顶双绷带包扎法。将两条绷带连在一起，打结处包在头后部，分别经耳上向前，于额部中央交叉，然后第一条绷带经头顶到枕部，第二条绷带反折绕回到枕部，并压住第一条绷带，第一条绷带再从枕部经头顶到额部，第二条则从枕部绕到额部。

2）绷带包扎注意事项

①伤口上要加盖敷料，不要在伤口上使用弹力绷带。

②不要将绷带缠绕过紧，要经常检查肢体供血情况。

③有绷带过紧的体征（手、足的甲床发紫；绷带缠绕肢体远心端皮肤发紫，有麻木感或感觉消失；严重者手指、足趾不能活动），应立即松开绷带，重新缠绕。

④不要将绷带缠住手指、足趾末端，除非其有损伤。

### （2）三角巾包扎法

三角巾制作简单、方便，分为普通三角巾和带形、燕尾式三角巾，包扎时操作简便，且几乎能适应全身各个部位。

1）头面部三角巾包扎法

①三角巾风帽式包扎法。适用于包扎头顶部和两侧面、枕部的外伤。先将消毒纱布覆盖在伤口上，将三角巾顶角打结放在前额正中，在底边的中点打结放在枕部，然后两手拉住两底角向下颌包住并交叉，最后再绕到颈后的枕部打结。

②三角巾帽式包扎法。先用无菌纱布覆盖伤口，然后把三

角巾底边的正中点放在伤员眉间上部，顶角经头顶拉到脑后枕部，再将两底角在枕部交叉返回到额部中央打结，最后拉紧顶角并反折塞在枕部交叉处。

③三角巾面具式包扎法。适用于面部较大范围的伤口，如面部烧伤或较广泛的软组织损伤。方法是把三角巾一折为二，顶角打结放在头顶正中，两手拉住底角罩住面部，然后两底角拉向枕部交叉，最后在下颌部打结，在眼、鼻和口处提起三角巾剪成小孔。

④单眼三角巾包扎法。将三角巾折成带状，其上 1/3 处盖住伤眼，其下 2/3 从耳下端绕经枕部向健侧耳上额部并压住上端带巾，再绕经伤侧耳上，枕部至健侧耳上与带巾另一端在健耳上方打结固定。

⑤双眼三角巾包扎法。将无菌纱布覆盖在伤眼上，用带形三角巾从头后部拉向前从眼部交叉，再绕向枕下部打结固定。

⑥下颌、耳部、前额或颞部小范围伤口三角巾包扎法。先将无菌纱布覆盖在伤部，再将带形三角巾放在下颌处，两手持带巾两底角经双耳分别向上提，长的一端绕头顶与短的一端在颞部交叉，然后将短端经枕部、对侧耳上至颞侧与长端打结固定。

2）胸背部三角巾包扎法

三角巾底边向下，绕过胸部以后在背后打结，其顶角放在伤侧肩上，系带穿过三角巾底边并打结固定。如为背部受伤，包扎方向相同，只要在前后面交换位置即可。若为锁骨骨折，则用两条带形三角巾分别包绕两个肩关节，在后背打结固定，再将三角巾的底角向背后拉紧，在两肩过度后张的情况下在背部打结。

3）上肢三角巾包扎法

先将三角巾平铺于伤员胸前，顶角对着肘关节稍外侧，与肘部平行，屈曲伤肢，并压住三角巾，然后将三角巾下端提起，两端绕到颈后打结，顶角反折用别针固定。

4）肩部三角巾包扎法

先将三角巾放在伤侧肩上，顶角朝下，两底角拉至对侧腋下打结，然后急救者一手持三角巾底边中点，另一手持顶角将三角巾提起拉紧，再将三角巾底边中点由前向下、向肩后包绕，最后将顶角与三角巾底边中点于腋窝处打结固定。

5）腋窝三角巾包扎法

先在伤侧腋窝下垫上消毒纱布，三角巾中间压住敷料，并将带巾两端向上提，于肩部交叉，并经胸背部斜向对侧腋下打结。

6）下腹及会阴部三角巾包扎法

将三角巾底边包绕腰部打结，顶角兜住会阴部在臀部打结固定。或将两条三角巾顶角打结，结点放在伤员腰部正中，上面两端围腰打结，下面两端分别缠绕两大腿根部并与相对底边打结。

7）残肢三角巾包扎法

残肢先用无菌纱布包裹，将三角巾铺平，残肢放在三角巾上，使其对着顶角，并将顶角反折覆盖残肢，再将三角巾底角交叉，绕肢打结。

# 55. 骨折固定法

## (1) 常用骨折固定方法

1）肱骨（上臂）骨折固定法

①夹板固定法。用两块夹板分别放在上臂内外两侧（如果只有一块夹板，则放在上臂外侧），用绷带或三角巾等将其上下两端固定，之后肘关节弯曲 90°，前臂用小悬臂带悬吊。

②无夹板固定法。将三角巾折叠成 10～15 厘米宽的条带，其中央正对骨折处，将上臂固定在躯干上，于对侧腋下打结，屈肘 90°，再用小悬臂带将前臂悬吊于胸前。

2）尺骨、桡骨（前臂）骨折固定法

①夹板固定法。用两块长度超过肘关节至手心的夹板分别放在前臂的内外两侧（如果只有一块夹板，则放在前臂外侧），并在手心放好衬垫让伤员握好，以使腕关节稍向背屈，再固定夹板上下两端，屈肘 90°，用大悬臂带悬吊，手略高于肘。

②无夹板固定法。使用大悬臂带、三角巾固定。用大悬臂带将骨折的前臂悬吊于胸前，手略高于肘，再用一条三角巾将悬臂带一起固定于胸部，在健侧腋下打结。

3）股骨（大腿）骨折固定法

①夹板固定法。伤员仰卧，伤腿伸直，用两块夹板（内侧夹板长度为上至大腿根部，下过足跟；外侧夹板长度为上至腋窝，下过足跟）分别放在伤腿内外两侧（只有一块夹板时

则放在伤腿外侧)，并将健肢靠近伤肢，使双下肢并列，两足对齐。关节处及空隙部位均放置衬垫，用5~7条三角巾或布带先将骨折部位的上下两端固定，然后分别固定腋下、腰部、膝、踝等处。足部用三角巾“8”字固定，使足部与小腿呈直角。

②无夹板固定法。伤员仰卧，伤腿伸直，健肢靠近伤肢，双下肢并列，两足对齐。在关节处与空隙部位之间放置衬垫，用5~7条三角巾或布条将两腿固定在一起（先固定骨折部位的上下两端)。足部用三角巾“8”字固定，使足部与小腿呈直角。

4）脊椎骨骨折固定法

发生脊椎骨骨折时不得轻易搬动伤员，严禁一人抱头、另一个人抬脚等不协调的动作。如伤员俯卧位时，可用“工”字夹板固定，将两横板压住竖板分别横放于两肩上及腰骶部，在脊椎骨的凹凸部位放置衬垫，先用三角巾或布带固定两肩，再固定腰骶部。现场处理原则是：背部受到剧烈的外伤，有颈、胸、腰椎骨折者，绝不能试图扶着让伤员做一些运动来“判断”有无损伤，一定要就地固定。

5）头颅部骨折

头颅部骨折伤员在检查、搬动、转运等过程中，力求头颅部不会受到新的外界的影响而加重局部损伤。具体做法是：伤员静卧，头部可稍垫高，头颅部两侧放两个较大的、硬实的枕头或沙袋等物将其固定住，以免搬动、转运时局部晃动。

### (2) 骨折固定注意事项

1）如果是开放性骨折，必须先止血、再包扎、最后进行骨折固定，此顺序绝不可颠倒。

2）下肢或脊椎骨骨折应就地固定，尽量不要移动伤员。

3）四肢骨折固定时，应先固定骨折的近端，后固定骨折的远端。如固定顺序相反，会导致骨折再度移位。夹板必须扶托整个伤肢，骨折上下两端的关节均必须固定住，绷带、三角巾不要绑扎在骨折处。

4）夹板等固定材料不能与皮肤直接接触，要用棉垫、衣物等柔软物垫好，尤其骨突部位及夹板两端更要垫好。

5）固定四肢骨折时应露出指（趾）端，以便随时观察血液循环情况，如伤肢出现苍白、发绀、发冷、麻木等情况，应立即松开重新固定，以免造成肢体缺血、坏死。

## 56. 搬运伤员法

现场急救的重要措施之一是搬运伤员。搬运的目的是使伤员迅速脱离危险状态，纠正当时影响伤员的非正常体位，使其减轻疼痛，避免进一步的伤害，并安全迅速地送至医院进行专业治疗。

### （1）徒手搬运

1）单人搬运法

适用于伤势比较轻的伤员，采取背、抱或搀扶等方法。

2）双人搬运法

一人托住双下肢，一人托住腰部。在不影响伤势的情况下，还可采用椅式、轿式和拉车式等方法搬运伤员。

3）三人搬运法

对胸、腰椎骨折的伤员，应由三人配合搬运。一人托住伤员的肩胛部，一人托住臀部和腰部，另一人托住两下肢，三人同时把伤员轻轻抬放到硬板担架上。

4）多人搬运法

对脊椎骨受伤的伤员，应由四至六人一起将其搬到担架上，两人专管伤员头部的牵引固定，使头部始终保持与躯干成直线的位置，维持颈部不动，另两人托住伤员的臂和背，两人托住下肢，协调地将伤员平直放到担架上，并在颈、腋窝放置一块小枕头，头部两侧用软垫或沙袋固定。

## （2）担架搬运

1）自制担架法

如果现场没有担架而又需要担架搬运伤员时，只能快速地自制担架。

①用木棍制担架。用两根长约 2. 5 米的木棍或竹竿绑成梯子形，中间用绳索来回缠绕固定。

②用上衣制担架。用两根长约 2. 5 米的木棍或竹竿穿入两件上衣的袖筒中即成，常在没有绳索的情况下采用此方法。

③用椅子代担架。将两把扶手椅对接，再用绳索固定对接处即成。

④其他担架的做法。用两根木棍、一块毛毯或床单、一根较结实的长线（铁丝也可）作为材料。第一步，把木棍放在毛毯中央，毯的一边折叠，与另一边重合。第二步，毛毯重合的两边包住另一根木棍。第三步，用穿好线的针把两根木棍边的毯子缝合一条线，然后把另一根木棍边的毯子重合处也缝

上，即制作完成。

2）车辆搬运

车辆搬运适合长途运送，且受气候条件影响小、速度快，可及时送到医院。轻伤可以坐在车上，受伤严重者可躺在车里的担架上，重伤者最好用救护车转移，如果没有救护车，才用普通车辆代替。上车后，胸部受伤的伤员应半卧，一般伤员仰卧，颅骨受伤的伤员应将头偏向一侧。车辆搬运时的注意事项如下：

①必须先急救，妥善处理后才能搬动。

②搬运时尽可能不摇动伤员的身体。若遇脊椎骨受伤者，应将其身体固定在担架上，用硬板担架搬运。切忌一人抱胸、一人搬腿的双人搬抬法，因为这样搬运易加重脊髓损伤。

③运送伤员时，应随时观察其呼吸、体温、出血、面色等变化情况，注意伤员姿势，注意保暖。

④在人员、器材未准备完好时，切忌随意搬运。

⑤上述无论哪种搬运伤员的方法，搬运途中都要保持平稳，切忌颠簸。